糖鎖とレクチン

平林 淳 ——・著

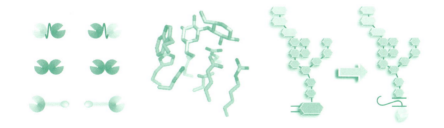

日刊工業新聞社

はじめに

　糖鎖は第3の生命鎖といわれて久しい。糖鎖は体のなかでさまざまな働きをしているが、その構造が複雑であることから、糖鎖研究は核酸やタンパク質の研究と比べ大きく立ち遅れていた。しかし、我が国の先達はたぐいまれな探究心と新技術に対する創生熱によって、糖鎖構造と機能を解き明かすための多くのすべを産出した。やがてそれらは我が国に世界に冠たる技術ポテンシャルを蓄積し、20年に及ぶ一連の糖鎖プロジェクトが打ち出されたのだ。

　しかし、糖鎖の本質に迫るのはなお困難であり、国の費用対効果判断では「糖鎖研究は有意な利益を生み出さなかった」とみなされた。本当にそうなのか。事実、この間糖鎖合成のメカニズムを司る糖鎖合成遺伝子が網羅的に取得され、複雑な糖鎖構造をも解析し得る新しい分析技術がいくつも誕生した。また、ヒトのがんや慢性疾患を捉える有効なバイオマーカーが糖鎖に着目することで次々と発見された。たとえば、人工多能性幹細胞（iPS細胞）を検出し腫瘍化する可能性のある細胞を除去する技術が糖鎖を認識するレクチン（タンパク質）を改良することで新たに開発された。

　糖鎖の歴史は長く、その影響は生命現象の隅々にまで及ぶ。糖鎖は重要だから存在するのではなく存在したから重要になったのだ。近年、米国科学アカデミーは糖鎖の底辺を前広にとらえ、医薬に止まらず食やエネルギー、さらには材料分野にまで及ぶ、いわばバイオ新大陸であることを宣言した。この観点は我が国の科学施策に欠けていなかっただろうか。あたかも、本邦の弾切れを待つかのようにして米国の糖鎖研究への投資が始まったのである。

　一方、2015年4月に発足した日本医療研究開発機構（AMED）は2016年1月、米国立医薬品食品衛生研究所（NIH）と難病等を対象にした包括協定を締結し、そのなかでとくに糖鎖に注力する方針を打ち出した。糖鎖が大化けする時代の到来である。ただし、糖鎖研究の躍進のために糖鎖に対する理解は欠かせない。糖鎖の深さと広がりをあらためて見つめ直すこ

とが必要である。本書はそのために前著『糖鎖のはなし』をベースとして著したが、その際に新たなエッセンスを加えることにした。レクチンの話である。なぜ、レクチンかは本書を読み進むことによって理解いただけるだろう。どうか最後までお付き合い願いたい。

糖鎖とレクチン
目 次

はじめに …………………………………………………………………………………… i

第1章　糖鎖とレクチン
　1-1　「炭水化物」から始まる糖鎖 ……………………………………………… 1
　1-2　糖鎖とレクチンの関係 ……………………………………………………… 1
　1-3　複雑性に潜む必然性 ………………………………………………………… 3
　1-4　多様化するレクチンの分子骨格 …………………………………………… 4

第2章　糖の構造と構築原理
　2-1　本章を理解する上で ………………………………………………………… 7
　2-2　糖鎖の構成要素：単糖 ……………………………………………………… 7
　2-3　ヘミアセタール：環状構造の形成 ……………………………………… 11
　2-4　最強の構造：グルコースC1椅子型ピラノース構造 ………………… 13
　2-5　水と糖の関係：トリジマイト構造 ……………………………………… 15
　2-6　グリコシド結合と還元性 ………………………………………………… 16
　2-7　配糖体：グルクロン酸抱合体と生薬 …………………………………… 19
　2-8　6つつながると1兆の可能性 …………………………………………… 21
　2-9　糖鎖の存在形態 …………………………………………………………… 23
　2-10　脂質と糖鎖 ………………………………………………………………… 26
　2-11　核酸（DNA、RNA）も糖鎖？ ………………………………………… 27
　2-12　RNAワールド：核酸が先かタンパク質が先か ……………………… 29

【コラムⅠ】GADVタンパク質ワールド仮説 ……………………………………… 31

第3章　糖の起源
　3-1　主要構成糖の起源に関する進化仮説 …………………………………… 34
　3-2　認識糖ガラクトース ……………………………………………………… 37
　3-3　ホルモース反応 …………………………………………………………… 39
　3-4　アルドール縮合 …………………………………………………………… 40
　3-5　Lobry（ロブリー）転位 ………………………………………………… 42
　3-6　ガラクトース後生説 ……………………………………………………… 43
　3-7　ブリコラージュ …………………………………………………………… 45

	3-8	非対称性について：右分子と左分子	46
	3-9	D糖とLアミノ酸の関係	49
	3-10	希少糖	50
	3-11	糖鎖の合成原理－Ⅰ	53
	3-12	グリコシドの起源	54

【コラムⅡ】多糖の起源 ……………………………………………… 57

第4章　糖鎖の機能と利用

4-1	糖鎖の合成原理－Ⅱ	61
4-2	Nグリカン生合成の妙	62
4-3	細胞ごとに異なる糖鎖プロファイル：糖鎖は細胞の顔	65
4-4	異種抗原	66
4-5	なぜ糖鎖はバイオマーカーとして有効なのか	70
4-6	プロテオミクスの躓き	72
4-7	グライコプロテオミクス：糖鎖とタンパク質を一体として捉える	74
4-8	がんの早期診断を目指して：国家プロジェクト「糖鎖マーカー開発」発進！	75
4-9	糖鎖創薬：概論	78
4-10	糖タンパク質バイオ医薬品：糖鎖でバイオベターを	80
4-11	糖鎖標的抗体医薬：その課題	82
4-12	糖鎖ミメティクス：リレンザ、タミフルに続け	83
4-13	糖鎖ワクチン：新たながん予防に向けて	86

【コラムⅢ】糖質制限について ……………………………………… 89

第5章　レクチン概論

5-1	レクチンとは：定義と歴史	94
5-2	レクチン活性の検出：赤血球凝集アッセイ	98
5-3	アフィニティ・クロマトグラフィー	100
5-4	レクチン探索の転換期：ゲノム時代のアプローチ	103
5-5	レクチンが起こした事件－Ⅰ：白インゲン豆中毒事件	104
5-6	レクチンが起こした事件－Ⅱ：リシン毒素を使った犯罪	107
5-7	レクチンの構造－Ⅰ：ConA生合成の妙	108
5-8	レクチンの構造－Ⅱ：RCA60（リシン）とRCA120（凝集素）	111
5-9	抗糖鎖抗体	112
5-10	レクチンによる糖の認識：水素結合ネットワークと疎水結合	116
5-11	レクチンによる多価糖鎖の認識とクラスター効果	118

第6章　レクチン関連技術

- 6-1　レクチンの特異性解析－Ⅰ：平衡透析法 ………………………… 123
- 6-2　レクチンの特異性解析－Ⅱ：赤血球凝集阻害試験 ………………… 125
- 6-3　レクチンの特異性解析－Ⅲ：等温滴定カロリメトリー …………… 126
- 6-4　レクチンの特異性解析－Ⅳ：前端分析法（FAC）………………… 128
- 6-5　レクチンの特異性解析－Ⅴ：高性能 FAC …………………………… 131
- 6-6　レクチンの特異性解析－Ⅵ：糖鎖アレイ …………………………… 133
- 6-7　レクチンの利用－Ⅰ：細胞染色 ……………………………………… 135
- 6-8　レクチンの利用－Ⅱ：糖鎖分画 ……………………………………… 139
- 6-9　レクチンの利用－Ⅲ：レクチン耐性細胞株 ………………………… 140
- 6-10　レクチンの進化工学 ………………………………………………… 143

第7章　レクチン各論

- 7-1　R 型レクチン …………………………………………………………… 147
- 7-2　C 型レクチン …………………………………………………………… 151
- 7-3　セレクチン ……………………………………………………………… 154
- 7-4　L 型レクチン …………………………………………………………… 157
- 7-5　ガレクチン ……………………………………………………………… 161
- 7-6　ジャカリン関連レクチン（M、G）…………………………………… 166
- 7-7　GNA 関連レクチン …………………………………………………… 171
- 7-8　家系横断的考察 ………………………………………………………… 174

【コラムⅣ】マンノース結合型レクチンをガラクトース結合型に変える ……… 178

第8章　糖鎖プロファイリングが拓くバイオ新大陸

- 8-1　糖鎖研究の現況と糖鎖プロファイリング …………………………… 182
- 8-2　エバネッセント波励起スキャナーの仕組み ………………………… 186
- 8-3　糖鎖プロファイリング技術がバイオを変える ……………………… 188
- 8-4　【事例紹介Ⅰ】肝硬変から肝細胞がん移行への注意を知らせる肝線維化マーカー「Mac2BPGi」………………………………………… 189
- 8-5　【事例紹介Ⅱ】人工多能性幹細胞（iPS 細胞）を特異的に認識するレクチン「rBC2LCN」………………………………………………… 191
- 8-6　【事例紹介Ⅲ】間葉系幹細胞の分化能力の指標となる糖鎖構造「α2-6 シアル酸」…………………………………………………… 194

引用参考文献 …………………………………………………………………… 196

第1章

糖鎖とレクチン

❖ 1-1　「炭水化物」から始まる糖鎖

　みなさんは炭水化物を「炭水・化物」と呼んでいないだろうか。炭水化物は、英語で言えば、carbohydrateである。炭素（carbo-）に水が化合した（hydrate）物質という意味だ。組成式で表せば、C（炭素）+H_2O（水）=CH_2O、一般式では$C_nH_{2n}O_n$となる。つまり、本当は「炭・水化物」なのである。

　n=1、n=2の場合、それぞれHCHO（ホルムアルデヒド）、CHO-CH_2OH（グリコールアルデヒド）である。どちらも揮発性であったり不安定であったりする点で、他の糖と大きく性質が異なる。したがって、両者は一般に糖としては位置づけられないが、その組成上ブドウ糖（n=6）と同じ「仕組み」から成り立っている。そして後述するように、ホルムアルデヒドやグルコールアルデヒドは生命起源物質として重要である。

　炭水化物から派生する一連の化合物を糖と呼ぶ。糖鎖は、いくつかの単糖、およびその誘導体がつながった物質である。炭水化物、単糖、糖鎖は相互に密接に関わり合っている。

❖ 1-2　糖鎖とレクチンの関係

　まず、本書のテーマである糖鎖とレクチンの関係について触れておこう。糖鎖は細胞表面や分泌タンパク質を彩る修飾体である。これはすべての生物に共通する。たとえば、バクテリアは糖タンパク質をもたないが、糖鎖をつくらないというわけではない。むしろ、バクテリアの糖鎖は高等動物

のそれより、はるかに複雑である。バクテリアが糖タンパク質をもたずして糖鎖をつくるのは、おそらく高次な進化戦略によるものだ。すべての生物の細胞表面にあるとはいえ、糖鎖の構造は極めて多様である。そのことが糖鎖の解析と理解を妨げている。

　細胞表面を覆う糖鎖の様相（組成や構造、密度）は、糖鎖合成を担う細胞の種類と状態に応じてさまざまに変化する。この過程には多くの糖鎖合成関連遺伝子が関与する。翻訳後修飾としてタンパク質に付加的なメッセージを提供したり、細胞表層で脂質ラフトと呼ばれる細胞間相互作用のチャンネルの機能を調節したりする。あるいは、細胞外マトリックスと呼ばれる細胞の間隙では、プロテオグリカン上に表現される酸性多糖（グリコサミノグリカン）が、その組成や硫酸化のパターンを変えることで、複雑な細胞社会の維持や変遷に必要な情報ネットワークを形成している。

　つまり、糖鎖の機能は、糖鎖のみで決まるものではなく、その存在形態（糖タンパク質、糖脂質、プロテオグリカンなど）によって大きく異なる。また、それが提示される状況（場や時間）によっても異なる。これも、糖鎖の統合的理解を困難にしている理由の1つだ。

　機能が条件ごとに異なるという糖鎖の性質を逆手にとることができる。あるタンパク質に特異的に発現した糖鎖構造の変化を検出することが、バイオマーカーの開発につながるからだ。逆も真なり、タンパク質の発現や脂質の組成だけで細胞の機能や状態を一義的に把握できなくても、糖鎖という補助線を引くことによって、解が得られる。このことは、「プロテオミクスの躓き」（4-6節）で述べる。

　ところで、極めて複雑な生命の細胞社会において、実際に糖鎖の変化を識別しているものは何だろう。それは、糖結合タンパク質であるレクチンだ。

　レクチンは、糖鎖が細胞の種類や状態によって異なる様相を示したとき、それを感知し、解読する作業を行う。つまり、糖鎖にとってレクチンはなくてはならない相棒なのだ。バクテリアから高等生物に至るまですべての生物は細胞を基本として成立している。レクチンは、糖鎖が機能するために生み出された存在といえる。

1-3 複雑性に潜む必然性

「糖鎖は必要だから存在するのではなく、生命の起源以前から存在したから（必然的に）活用され、その結果、必要不可欠な物質になった」と著者は考えている。とすれば、糖がどのようにしてこの世に誕生したのか、それを知らなければならない。その謎を解く鍵は糖の構造にある。サイエンスは、一見複雑に見える現象のなかに「必然性」を看破する。糖鎖必然の理（ことわり）は生命が細胞を基盤として成り立っていることの裏返しであろう。

レクチンは糖鎖を特異的に認識するタンパク質である。最初の報告者は、ロシア（現在のエストニア）のH. Stillmark（スティルマルク）とされる（1888年）。細胞毒リシンの発見者として有名だ。その後、さまざまなレクチン分子が多くの生物から見つかり、性質の解明と細胞生物学への応用が図られた。

その結果、それまで別々に歩んできた糖鎖の研究とレクチンの研究が互いを見据えるようになった。最初は動物細胞の表面構造を見分ける便利な道具として植物レクチンの研究が進行した。不思議なことに、植物由来のレクチンに、リンパ球（白血球の一種）を刺激し分裂を促進させる作用があることがわかった。つまり、レクチンは単に動物細胞表面の糖鎖に特異的に結合するだけでなく、細胞分裂に何らかのスイッチを入れる物質でもあったのだ。

20世紀後半になると動物組織にもいろいろなレクチンがあることが判明する。とくに、生体防御や発生分化の観点から動物レクチンの研究が進展した。やがて分子生物学の発展、ゲノムの解読、構造生物学の進歩に伴い、タンパク質、遺伝子レベルでの統合的なレクチン解析が進み今日をむかえている。レクチン・糖鎖の細胞社会での働きを考えるならば、これも研究史の必然といえよう。

1-4　多様化するレクチンの分子骨格

　レクチンは、糖鎖の発現様式や微細な構造変化を捉え、認識、結合し、架橋を形成する。さらには細胞内へと状況変化のシグナルを伝える「仲介役」を担う。しかし、これはいわば1つの仮説であって、十分な証拠があるわけではない。また、これらをすべての生物や現象で証明していくのは大変な作業である。

　しかし、糖鎖とレクチンが夫唱婦随のパートナーであることは明らかだ。糖鎖に誕生（合成）→成長（認識・相互作用等）→終止（分解）という一生があるように、レクチンにも同様の一生がある（図1-1）。しかしこれはあくまでも現在の生物システムにおける糖鎖とレクチンの関係であり、将来どちらかが変わることで（突然変異の蓄積などにより）、他方が影響を受けることもあるだろう。

　ヒトを含む動物のみならず、植物、カビ、バクテリアに至るすべての生

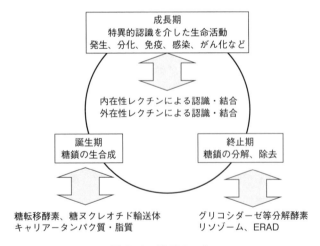

図 1-1　糖鎖の一生

糖鎖の一生は誕生期（糖鎖の生合成）-成長期（糖鎖認識を介した生命活動、制御）-終止期（糖鎖の分解）に分けて考えることができる。レクチンは糖鎖の成長期に、その特異的認識によって各種生命活動（発生・分化、免疫、感染、がん化など）と広く、かつ深く関わっていることが示されている。

物がレクチンをもっている。インフルエンザウイルスなど多くのウイルスも宿主への感染を果たす道具としてレクチンを備えている。糖鎖を識別する仕組みとしてレクチンが生まれたのはまちがいない。

　レクチンはしばしば抗体と比較される。抗体は、免疫組織を起源とする分子だ。その特異性は多様ではあるが、基本的に1つの分子骨格（scaffold）からなる。つまり分子家系としてはたった1つである。それに対してレクチンの分子骨格は少なくとも50近くあり、さらにその数は増加の一途をたどっている（図1-2）。この事実から「レクチンになれないタンパク質骨格はない」という推論さえ導き出せる。つまり、今レクチンとしての機能をもたないタンパク質であっても、ある刺激、あるいは環境変化がきっかけで、レクチン（糖結合機能の付与）となるような突然変異が生じるか

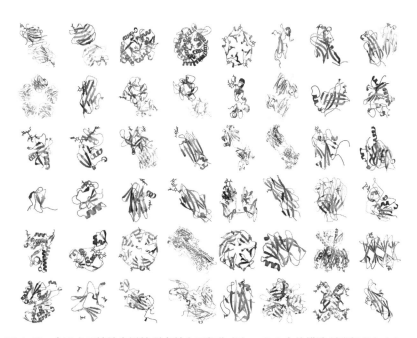

図1-2　今日まで糖結合活性が文献上で報告され、かつ立体構造が登録されたレクチン分子骨格のリボンモデル図

2014年に藤本らが報告した時点で48だが、さらに増加の傾向がある。
出典：Z. Fujimotoら（2014）*Methods Mol Biol*[1]

もしれない。その変異がそのときの環境下で優位な性質であれば、選択され固定されるだろう。

　レクチン抜きで糖鎖は理解できない。そこに両者の面白さと難しさがある。本書ではそのことを伝えたい。そして、随所で「進化」の問題に触れる。無論、多くの進化テーマは実験的な検証ができない。そこで必然性を徹底的に分析、検証することが求められる。本書で触れるのは糖鎖とレクチンの進化に関するほんのさわりの部分にすぎない。しかし、糖鎖とレクチンの物語はここから始まる。

第2章

糖の構造と構築原理

❖ 2-1 本章を理解する上で

　糖鎖の特徴として、その複雑な構造に言及されることが多い。しかし、糖鎖の構成単位である単糖の種類は10種程度で、しかも相互に似通っている。糖鎖が複雑と言われる背景と実情をよく理解することが大切である。
　ここでは、単糖が安定な環状構造をつくる過程、そして単糖同士が結合して複雑な糖鎖に至る過程を述べよう。さらに、糖鎖の構造につきまとう「分岐」や核酸に使われている五炭糖、リボースの謎について考える。
　本章をお読みいただくと、もしかすると読者は、「なぜ現存生物が用いる単糖はすべてD型なのか」、「そもそも糖は生命発生前に備わっていたのか」、だとすれば「どのような反応機構（化学進化）なのか」という疑問をもつかもしれない。その問いに対する答えは次章で述べる。何はともあれ糖鎖の構築原理を正しく理解してほしい。表2-1に鍵となる用語をまとめておく。確認用にお使いいただきたい。

❖ 2-2 糖鎖の構成要素：単糖

　糖鎖は分子量200前後の単糖がつながってできている。糖の狭義の定義は炭水化物（carbohydrate）なので、「炭素（C）に水（H_2O）が1：1の関係で化合したもの」という意味だ。この定義を満たす組成式は（$C_nH_{2n}O_n$）であり、順次n＝1のとき、ホルムアルデヒド（H-CHO）、n＝2のとき、グリコールアルデヒド（CH_2OH-CHO、ただし不安定）、n＝3のとき、グリセルアルデヒド（CHO-C*HOH-CH_2OH；*は不斉炭素）とジヒドロキ

表 2-1　糖の本質理解のために必要なことがら

sp^3、およびsp^2混成軌道	炭素などの元素が作る混成軌道の様式。s軌道から1個、p軌道から3個の電子が加わり等価な4つの軌道ができたのがsp^3混成軌道。s軌道から1個、p軌道から2個の電子が加わって等価な3つの軌道ができたのがsp^2混成軌道。sp^3混成軌道では結合角が109.5°に、sp^2混成軌道では120°になる。
ケト・エノール互変異性	アルデヒドやケトンなどのカルボニル化合物一般に起こる相互変異性化反応。炭素・炭素間二重結合と炭素・酸素間二重結合の形成が互いに入れ替わるためこの名がある。一般にケト型の方が安定。
1,3-ジアキシアル相互作用	シクロヘキサン誘導体は一般に平面構造ではなく、sp^3混成軌道の結合角(109.5°)に基づくひだ状の椅子型コンフォメーションをとる。糖における六員環(ピラノース)構造における5つの置換基のうち、互いに1,3位にある置換基同士が重なりやすいため立体障害を起こす現象。大きい置換基同士ではとくに反発が大きくなるため、そのコンフォメーションは相対的に大きく不安定化する。
ピラノース環構造	複素環化合物ピランに基づく環状構造(六員環)の呼称。
フラノース環構造	複素環化合物フランに基づく環状構造(五員環)の呼称。
C1椅子型コンフォメーション	一般にピラノース環構造をとる単糖、ないし糖鎖中における糖残基はエネルギー的に最も安定な椅子型コンフォメーションをとる。対義語は舟型コンフォメーション。後者の場合、対座する1,4位の関係にあるアキシアル置換基同士が距離的に近づくため立体障害が生じ不安定化する。椅子型コンフォメーションを不安定化する要因の1つは上述の1,3ジアキシアル相互作用。
Lobry de Bruyn-Alberda van Ekenstein 転位	狭義には、オランダの糖化学者、Lobry de BruynとAlberda van Elensteinによるグルコース、マンノース、フルクトース間で塩基触媒下に起こる相互変換反応。広義には、それ以外の単糖間で起こる同質の異性化反応。エンジオール中間体を経たケト・エノール互変異性によって進行する。平衡反応であるため、各生成物の収量はそれらの安定性に左右される。
アルドール縮合	塩基触媒存在下で進行する2つのカルボニル化合物間の縮合反応。
フォルモース反応	ホルムアルデヒドが起点となり塩基触媒下で進行する一連の縮重合反応の系列。糖(炭水化物)の非生物的合成法と目されている。三炭糖同士の縮合物(六炭糖)は上記Lobry de Bruyn-Alberda van Ekenstein転位の結果と考えられる。
水素結合	生体分子に特徴的に見られる双極子・双極子相互作用の一種。電気陰性度の高い窒素、酸素、フッ素に共有結合した水素原子が、これら3つのいずれかの元素と一定の距離内(2.5－3.0 Å)に配置されたとき、水素原子の電子軌道が他方のヘテロ原子と相互作用を起こす。DNA二重らせん、タンパク質におけるαヘリックスやβシート構造、セルロースにおける層状構造の形成など一定の規則構造の他、タンパク質の活性部位などに見られる。

エピマー (epimer)	狭義には直鎖型で表記したとき、水酸基の向きが1箇所だけ異なる異性体の関係にあるもの。D-グルコースとD-マンノース、D-グルコースとD-ガラクトースなど。
アノマー (anomer)	環状構造を取ることによって新たに生じる不斉炭素に起因する立体異性で、α、β一対のアノマー異性体が存在する。α-D-グルコースとβ-D-グルコースは互いにアノマーの関係。
エナンチオマー (enantiomer)	互いに鏡像の関係にある左右対称の異性体のこと。D-グルコースとL-グルコースなど。対掌体とも。
ジアステレオマー (diastereomer)	立体異性体のうちエナンチオマー(対掌体)を除くすべての異性体同士の関係。D-グルコースに対してはL-グルコース以外のアルドヘキソースすべて。

シアセトン(CH_2OH-CO-CH_2OH)となる。前者はアルデヒド基をもつためアルドース(aldose、注、"-ose"は糖を意味する接尾語)、後者はケトン基をもつためケトース(ketose)という。

炭水化物はその組成上必ず水酸基をもつ。一方、炭素数3以上のアルドース、および炭素数4以上のケトースには、すべての置換基が異なる炭素原子、すなわち「不斉炭素」が生じる。**表2-2**に炭素数が6までの炭水化物の系列を示す。

グリセルアルデヒドはアルドース、ジヒドロキシアセトンはケトースとしてそれぞれ最小の糖である。通常、これら三炭糖以上を単糖と呼ぶ。高等生物の糖鎖を構成する単糖(構成糖)は五炭糖以上のアルドースで、狭義の糖(組成式$C_nH_{2n}O_n$を満たす)とその誘導体10種類ほどである。

基本になるのは**図2-1**に示すグルコース(Glc)、マンノース(Man)、ガラクトース(Gal)の3種である(注:グルコースの略号Glcは、アミノ酸の一種、グルタミン酸の略号Gluと混同しやすいので注意)。いずれも6個の炭素をもつ六炭糖(hexose)であり、アルデヒド基をもつためアルドヘキソース(aldohexose)に分類される。

これらの糖は一般に安定な環状構造をとる。それを図2-1の下段にハース(Haworth)投影式で表記する。これは1929年にイギリスの化学者、Sir Walter Norman Haworth(ウォルター・ハース)が提唱した表記法で、糖の環状構造を五角形または六角形の平面とみなし、それぞれの平面に対して上下方向に出ている水素や水酸基などの置換基を描く。

表 2-2 炭水化物（$C_nH_{2n}O_n$）の系列

炭素数	組成式	化学式（化合物名）	異性体数（アノマー除く）
1	$C_1H_2O_1$	HCHO（ホルムアルデヒド）	1（アルドース）
2	$C_2H_4O_2$	CHO-CH_2OH（グリコールアルデヒド）	1（アルドース）
3	$C_3H_6O_3$	CHO-C*H(OH)-CH_2OH（D/L-グリセルアルデヒド）	2（アルドース）
		CH_2OH-CO-CH_2OH（ジヒドロキシアセトン）	1（ケトース）
4	$C_4H_8O_4$	CHO-C*H(OH)-C*H(OH)-CH_2OH（D-エリトロースなど）	4（アルドース）
		CH_2OH-CO-C*H(OH)-CH_2OH（D-エリトルロースなど）	2（ケトース）
5	$C_5H_{10}O_5$	CHO-C*H(OH)-C*H(OH)-C*H(OH)-CH_2OH（D-キシロースなど）	8（アルドース）
		CH_2OH-CO-C*H(OH)-C*H(OH)-CH_2OH（D-キシルロースなど）	4（ケトース）
6	$C_6H_{12}O_6$	CHO-C*H(OH)-C*H(OH)-C*H(OH)-C*H(OH)-CH_2OH（D-グルコースなど）	16（アルドース）
		CH_2OH-CO-C*H(OH)-C*H(OH)-C*H(OH)-CH_2OH（D-フルクトースなど）	8（ケトース）

＊印は不斉炭素。

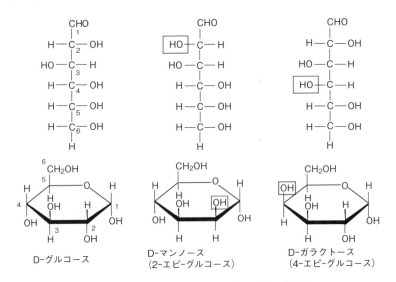

図 2-1 自然界に存在する基本 3 糖の構造

上段に遊離アルデヒド基をもった直鎖型を、下段に閉環して六員環構造（ピラノース環）になった構造を示す。自然界ではこれらが誘導体化されることで、グルコースからは N-アセチルグルコサミン、グルクロン酸、キシロースが、マンノースからは各種シアル酸が、ガラクトースからは N-アセチルガラクトサミンやアラビノースが生成する。グルコースと向きの違う水酸基を四角で囲った。

ところで、六員環の表記には注意が必要である。実際の六員環構造（ピラノース環）はハース投影法で描いた形と異なる。なぜなら、環状構造の各炭素原子はすべて sp^3 混成軌道からなり、その結合角は理論上109.5°となるからだ（2-4節）。したがって、ハース投影式で描かれたピラノース環の構造は厳密には正しくない。もっとも、この描き方には利点もある。各炭素原子についた置換基が環面の上下いずれにあるのかを容易に知ることができる。たとえば、図2-1に示した3つのアルドヘキソース（互いにエピマー）の違いを端的に表現するのに適している。

❖2-3　ヘミアセタール：環状構造の形成

前節図2-1のアルドヘキソースで、上段の直鎖型で描いたものと下段のハース投影式で描いたものとが同一分子であることは理解しにくい。この図は「別の構造ではあるが相互に変換可能な関係」であることを示したものだ。

一般に、アルデヒド基（-CHO）は2回、水酸基をもった化合物（アルコール）と反応しうる。水酸基をもった化合物を R_1-OH、R_2-OH で表すと、2段階の反応は図2-2のようになる。

ここで注目したいのは、1段目の反応では前後で何の過不足もないのに対し、2段目の反応では1分子の水が抜け出している点である。後者のような反応を脱水縮合と呼ぶ。脱水縮合は核酸の構成要素であるヌクレオチドや、タンパク質を構成するアミノ酸がつながるときにも用いられる、多くの生体高分子に共通した構築原理である。

1段目の反応に話をもどそう。図2-2ではアルデヒド基をもった化合物と水酸基をもった化合物（アルコール）は「別の分子」だった。しかし、アルドースにはアルデヒド基と水酸基が同時に存在するので、1段目の反応が自己分子内で起こりうる（図2-3）。ただし、それが起こる条件は生成物が無理なく五員環、または六員環構造をとるときである。

図2-3のグルコースの例では、4位の炭素に付いた水酸基が1位のアルデヒド基を攻撃した場合（上のスキーム）と5位の炭素についた水酸基が

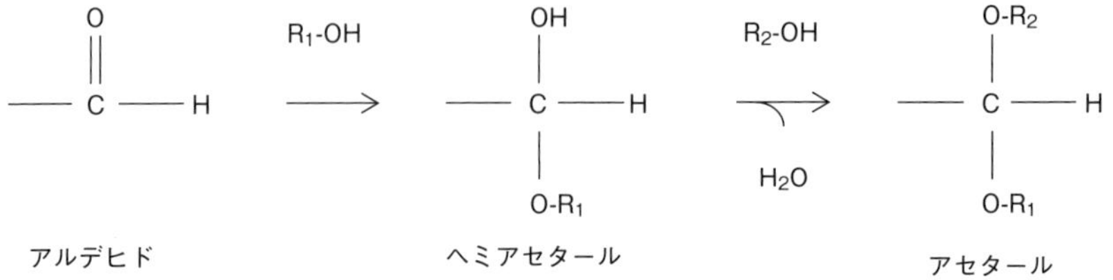

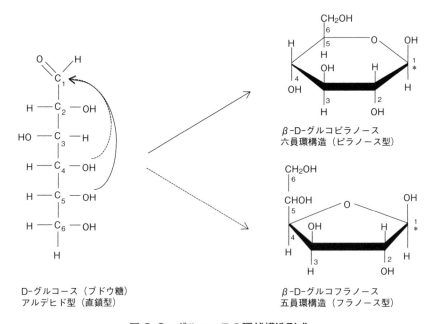

図2-2 アルデヒドは2回アルコールと反応する

1段目の反応でヘミアセタール（半分だけアセタール化の意味）が、2段目の反応でアセタールが生じる。2段目の反応では水分子が抜ける。

図2-3 グルコースの環状構造形成

五炭糖以上のアルドースは、分子内ヘミアセタール化によって、より安定な五員環（フラノース）や六員環（ピラノース）構造を生じる。この反応は可逆的だが、一般に環状構造形成に平衡が傾いており、その傾向はグルコースで最大となる。生じたヘミアセタールの炭素（*印、2つの酸素原子が結合している）は、環状化することで新たに不斉炭素となる。この環状化で生じる異性体を互いにアノマーという。図ではともにβアノマー異性体。

1位のアルデヒド基へ攻撃した場合（下のスキーム）を示す。ともに電子の豊富な酸素原子が電子の不足したカルボニル炭素を「求核攻撃」する。前者では、炭素（1位）—酸素（4位）間に新たな結合ができ五員環（フラノース環）となる。正五角形（平面）であれば各頂点における角度は108°だ。偶然だが、sp^3混成軌道の結合角109.5°とほぼ等しい。よって、フラノース環はほぼ平面となる。

一方、5位の炭素についた水酸基が攻撃した場合、6員環（ピラノース環）となる。しかし、正六角形の各頂点の角度は120°なので、sp^3混成軌道の結合角109.5°とのずれが生じてしまう。その結果、ピラノース環は平面ではなく、折れ曲がった「椅子型」、ないし「舟型」の構造となる。

2-4　最強の構造：グルコースC1椅子型ピラノース構造

前述のように、糖の立体構造を語る上でsp^3は欠かせない知識だ。しかしその結合角＝109.5°はピンと来ない。具体的にはテトラポットの形、すなわち正四面体を思い浮かべてほしい。そして、対称性の高いものは安定性も高い。

たとえば図2-4はメタン分子（CH_4）だが、これを見れば109.5°が「空間を4等分する」意味がわかるだろう。つまり、「電子—原子核—電子」

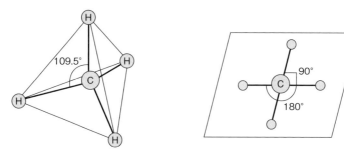

図2-4　sp^3混成軌道は空間を4等分する

空間の4等分（左）と平面の4等分（右）。メタン分子（CH_4）におけるsp^3混成軌道は空間を4等分するため水素（H）－炭素（C）－水素（H）がつくる結合角はどこをとっても109.5°である。これに対し、平面を4等分するような結合角は一般に自然界にはない。

という電子軌道がつくる結合角がすべて等しいのがsp^3混成軌道なのだ。

炭素に関する混成軌道にはこの他、sp^2, spという2つの軌道がある。s軌道1つとp軌道2つを混成させてsp^2混成軌道ができる。s軌道1つとp軌道1つを混成させてsp混成軌道ができる（注：spの場合1は省略）。すなわち、sp混成軌道（アセチレンなど）では結合角が180°（直線）となるが、sp^2混成軌道（エチレンなど）では平面を3等分する120°となる。

2人綱引きや3人綱引きくらいなら、感覚的にわかるが、「4人綱引き」＝「空間4等分」となると日常体験は難しい。経験のないものはイメージしにくいため、その重要性にも気づかない。

さて、グルコース分子は**図2-5**のような構造をしている。図2-5の左に示すコンフォメーション（立体構造）が熱力学的に安定で、大半がこの構造（C1椅子型）をとっている。この骨格にはほとんどひずみがなくほぼ理想的なsp^3の結合角を維持している。また、後述するようなかさ高い置換基同士の反発もない。

一方、たとえばグルコースのエピマーであるマンノースでは、2位の水酸基がグルコースと逆向きとなる（2-エピ-グルコースと表現可）。その

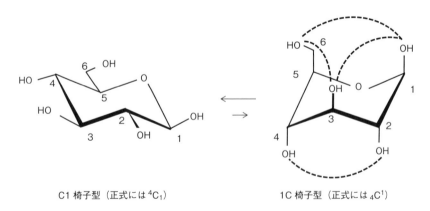

C1椅子型（正式には$^4C_1$） 　　　　　　1C椅子型（正式には$_4C^1$）

図2-5　β-D-グルコースの安定椅子型構造

β-D-グルコースのC1椅子型コンフォメーションでは、水素より大きな置換基による1,3-ジアキシアル相互作用（後述）がまったく存在しない。これに対し、C1コンフォメーションが反転した1Cコンフォメーションでは多数の1,3-ジアキシアル相互作用（破線）が発生する。一般に 置換基が大きいほど、また相互作用の数が多いほどC1椅子型コンフォメーションは不安定化する。事実、この相互作用が複数存在してしまう単糖は自然界に存在しない。

C1椅子型ではアキシアル配位となるため、1,3-ジアキシアル相互作用が発生してしまう（ここでの1,3という数字は、ヘキソースの番号ではなく、2つ離れた炭素原子の間という意味である）。

同様に、4位に関するエピマーであるガラクトース（4-エピ-グルコース）も4位水酸基がアキシアル配位となるため不安定化する。自然界に最も多量に存在する糖は熱力学的に最も安定なグルコースなのだ。

2-5　水と糖の関係：トリジマイト構造

水は生命にとって欠かすことができない。生命は太古の海から誕生し、やがて陸に進出したが、それでも受精や発生に水環境は深く関わっている。生体反応もすべて水溶液中で起こる。生命の誕生と切り離せない糖と水の間にはやはり深い関わりがあるはずだ。

水（H_2O）は電気陰性度の高い酸素と2つの水素原子が結合してできる安定な極性分子である。水素イオン（H^+）を放出することもできるし、他から水素イオンを受け取ることもできる。実際の水分子は互いに水素結合ネットワークで連結しており、図2-6に示すような構造（トリジマイ

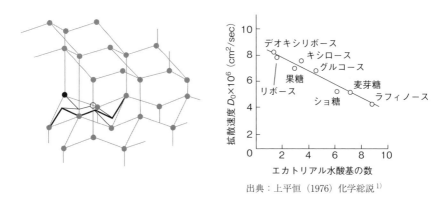

出典：上平恒（1976）化学総説[1]

図2-6　水のトリジマイト構造と糖の拡散速度

グルコースがつくる最も安定なピラノース構造、すなわち、C1椅子型コンフォメーション（濃い黒線で表示）はこのトリジマイト構造によくフィットする（左）。また、水溶液中における糖の拡散速度（D_0）はエカトリアル水酸基の数とおおむね比例する。

ト構造）をとると考えられている。

　上平恒博士によれば糖のピラノース構造はこのトリジマイト構造中にうまくはまりこむという。そして、すべての水酸基がエカトリアル配置となるグルコースのC1コンフォメーションではその適合性が高いという。これと一致して、水溶液中における糖の拡散速度（D_0）はエカトリアル水酸基の数におおむね比例する（図2-6右）。このことはアキシアル水酸基があると、その分トリジマイト構造から抜け出やすいことを意味する。

　保湿性が謳われるトレハロースの効果についても、トリジマイト構造との相関があるとされる。ひと昔前、テレビで砂糖水を凍らせつくったかき氷の「食感」が取り上げられたことがある。砂糖水でつくると「ふわふわ」、「さらさら」感が増すというが、これも本構造との関連がありそうだ。

　糖と水との関わりは興味深い。しかし、グルコース以外の単糖、二糖、オリゴ糖に対し、なされた系統的な研究はほとんどない。糖質・糖鎖に対する理解を深めるためには、物理化学領域との研究交流が必要であろう。

❖ 2-6　グリコシド結合と還元性

　前節2-2でグリコシド結合が他の生命情報分子と共通する脱水縮合から成り立っていることを述べた。脱水縮合は比較的小さな要素分子がつながって多様な構造体を作るのに理にかなっている。しかし、核酸（ポリヌクレオチド）やタンパク質（ポリペプチド）と異なる点は、同一分子に対しグリコシド結合が、複数、同時に生成しうるという点だ。グリコシド結合が形成される場合も基本的な反応様式は1段階目のヘミアセタール形成時と同じで、求核性の水酸基が1位のヘミアセタール炭素を攻撃する。**図2-7**に2分子のD-グルコースが脱水縮合してマルトース（麦芽糖）Glc α 1-4Glcができる反応機構を示す。

　さて、図2-7では右側のグルコース分子の4位水酸基がこの反応に与ったが、2, 3, 6位の水酸基にも、同じことがいえる。1つのグルコース残基にはグリコシド結合に与る水酸基が4つ存在することになる。これはグルコースに限らず、アルドヘキソースすべてに共通する性質だ。

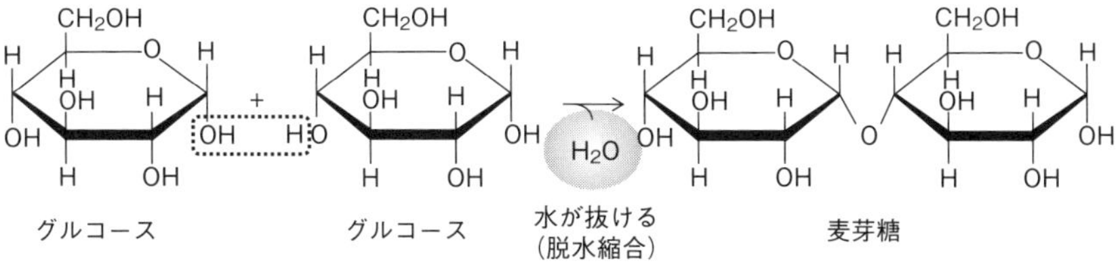

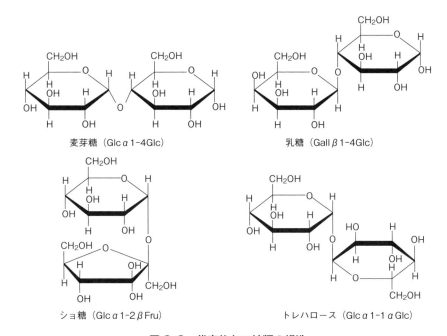

図 2-7　グリコシド結合の形成

図では 2 個の D-グルコース分子が α1-4 結合で連結する反応を示す。結果、麦芽糖（Glc α1-4Glc）が生成するが、その際一分子の水が抜ける点に注目。

麦芽糖（Glc α1-4Glc）　　乳糖（Gal β1-4Glc）

ショ糖（Glc α1-2 β Fru）　　トレハロース（Glc α1-1 α Glc）

図 2-8　代表的な二糖類の構造

いずれも自然界に存在する糖で、麦芽糖（maltose）はデンプンの分解物でビールなどの原料。乳糖は哺乳動物のミルクに含まれる主成分。ショ糖はサトウキビなどからとれる天然甘味料の主成分。トレハロースは高等動物にはないが昆虫などに存在する。ショ糖とトレハロースには還元性がない。

このとき、図 2-7 で右側に描かれたグルコース残基（求核攻撃をした方）はヘミアセタール基を維持しているのに対し、左側のグルコース残基（求核攻撃を受けた方）には、もはやヘミアセタール基がない。ヘミアセタールには還元性があり、すべての単糖はこの反応性をもつ。フェーリング溶

第2章　糖の構造と構築原理

液を赤くしたり（$Fe^{3+} \rightarrow Fe^{2+}$）、硝酸銀水溶液から銀を析出させたり（$Ag^+ \rightarrow Ag$）することで還元力を観察できる。

図2-8に我々の生活に馴染みのある二糖類を示す。これらグリコシド結合を有する化合物を総じて単にグリコシド（glycoside、配糖体とも）と呼ぶ。これらのなかで麦芽糖（maltose）と乳糖（lactose）にはヘミアセタールが温存されているのに対し、ショ糖（sucrose）とトレハロース（treharose）にはそれがない。後者は還元性に関係するヘミアセタール基同士が縮合したもので（ショ糖では果糖の2位とグルコースの1位）、還元基が相殺しており、還元性がない。

多くの糖鎖はタンパク質や脂質に結合した形で存在するが（複合糖鎖、ないし複合糖質）、これらも還元末端の糖がグリコシドを形成したものである。ひとたびグリコシドを形成すれば、還元性は失われ求核攻撃も受けない。

逆にいえばグリコシドを形成していない糖には余力（反応性）がある。血糖値（血中におけるブドウ糖含量）が高いと糖尿病の危険性が増すのは

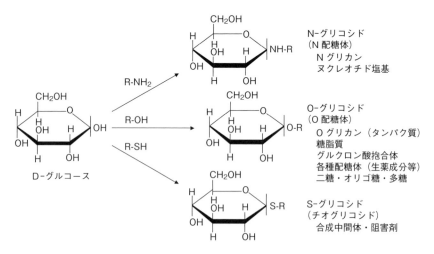

図2-9　多様なグリコシド形成反応

基本的にすべての単糖、および還元性のオリゴ糖（糖鎖）には、反応性に富むヘミアセタールが存在するため、各種グリコシドの形成が起こる。C:H:O=1:2:1の組成式が生み出す炭水化物はアルデヒド、ケト基を起点に一般に安定な環状構造を作るが、さらに反応性を温存するヘミアセタール基によってさまざまなグリコシドが形成される。

このためだ（コラムⅢ）。糖の化学を突き詰めれば、反応性に富むヘミアセタール基を起点とした各種グリコシド結合の形成に帰する（図2-9）。次節では糖以外の化合物とのグリコシド形成をみてみよう。

❖ 2-7　配糖体：グルクロン酸抱合体と生薬

　生物には生体にとって望ましくない異物を排除するグルクロン酸抱合という仕組みがある。これはグルコースの6位酸化体であるグルクロン酸（gluculonic acid）を異物に結合させることで水溶性を増し、尿として排出する生体防御機構である（図2-10）。

　この場合、異物が有する水酸基（ない場合は水酸化酵素等によって水酸基を導入）が、グルクロン酸とのグリコシド結合形成に与る。この仕組みは、外部から食物を摂取する動物にとって大変重要である。ゲノム解析が最初に行われた多細胞生物である線虫（*Caenorhabditis elegans*）には、グルクロン酸転移酵素と推定される遺伝子が70種も見つかっている（表2-3）。線虫の全遺伝子数が20,000程度であることを考えると、グルクロン酸抱合系が線虫にとっていかに重要なシステムであるかが想像できよう。

　さて、グルクロン酸抱合体を含め、糖（単糖、オリゴ糖）が他の化合物

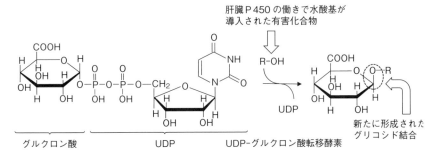

図2-10　グルクロン酸抱合体による解毒機構

生体内に生じた、あるいは生体外から取り込んだ有害な化合物を解毒し、生体外に排出する仕組みがほとんどの動物に備わっている。肝臓の多様なグルクロン酸転移酵素の働きで、毒性をもつ化合物（多くが脂溶性）に、親水性の高いグルクロン酸が付与される。肝臓のP450の働きで有害物質に水酸基やアミノ基が導入され極性は増大するが（第Ⅰ相反応）、さらにグルクロン酸転移酵素の働きでグルクロン酸抱合が起こると（第Ⅱ相反応）、極性がさらに増大し、尿や胆汁への排泄が促進される。

表 2-3　線虫ゲノム解析で見つかったアミノ酸配列モチーフとその数

650	7 TM chemoreceptor
410	Eukaryotic protein kinase domain
240	Zinc finger, C4 type (two domains)
170	Collagen
140	7 TM receptor (rhodopsin family)
130	Zinc finger, C2H2 type
120	Lectin C-type domain short and long forms
100	RNA recognition motif (RRM, RBD, or RNP domain)
90	Zinc finger, C3HC4 type (RING finger)
90	Protein-tyrosine phosphatase
90	Ankyrin repeat
90	WD domain, G-beta repeats
80	Homeobox domain
80	Neurotransmitter-gated ion channel
80	Cytochrome P450
80	Helicases conserved C-terminal domain
80	Alcohol/other dehydrogenases, short-chain type
⇨ 70	UDP-glucuronosyl and UDP-glucosyl transferases
70	EGF-like domain
70	Immunoglobulin superfamily

出典：The C. *elegans* Sequencing Consortium (1988). *Science*.[5]

とグリコシド結合を形成したものを一般に配糖体と呼ぶ。配糖体は糖部分と、糖とのグリコシド形成にあずかる非糖部分＝アグリコン（aglycon）からなるが、糖のバリエーションに加え、非糖部分の多様性が積算されるので多様な配糖体が生成される。

　天然に存在する配糖体としては、1）植物におけるトリテルペンやステロイドにオリゴ糖が結合したサポニン（saponin）、2）共通のステロイド配糖体構造をもつヒキガエルやジギタリス由来の強心配糖体、3）分解すると有毒なシアン化水素を発生し食中毒の原因となる青酸配糖体（cyanogenic glycoside）、4）ステビアなどに含まれる天然甘味料（natural sweetener）、5）かんきつ類などに含まれる苦味成分（bitter substance）などがある（図 2-11）。

　ある種の生薬成分にも配糖体が含まれる。また放線菌（*Streptomyces*属のグラム陽性細菌）は人類に有用な抗生物質を生産することで有名だが、

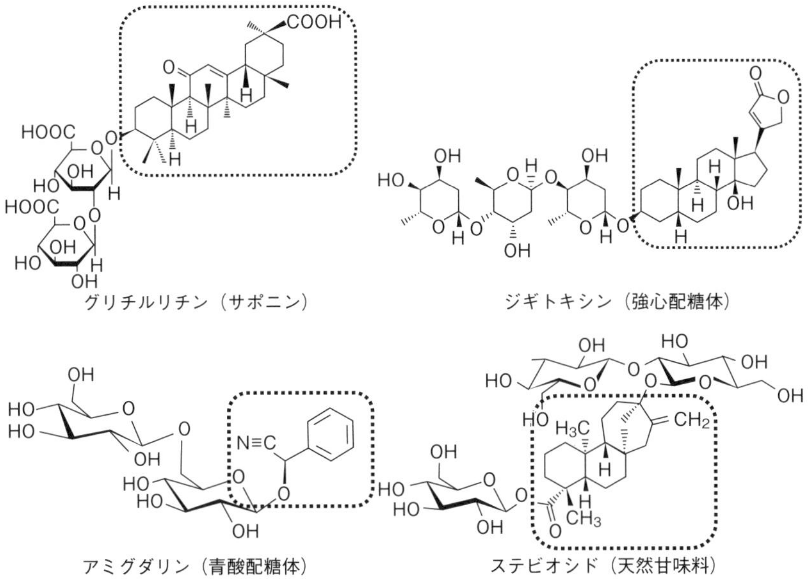

図 2-11 グリコシド（配糖体）の例
アグリコン（非糖部分）を破線で括った。

配糖体が多く含まれている（図 2-12）。

　漢方（中国では中医薬、Chinese traditional medicine）は生薬を組み合わせて処方するが、生薬成分に配糖体が多いことは興味深い。最近、日中米などがつくる漢方研究の国際コンソーシアムが設立され、科学的証拠に根ざした医薬（evidence-based medicine）の研究を推し進める動きがある。漢方のメカニズムを解くことで配糖体の構造と機能の相関が明らかになることを期待したい。

2-8　6つつながると1兆の可能性

　糖鎖の構造が複雑なのは他の生体分子（核酸、タンパク質）と異なり多様な分岐構造をつくるためと述べた。では糖鎖自身の多様性はいったいどの程度なのだろう。この問いに直接答えたのは R. Laine（レイン）博士だ。レインは6つの単糖がつながってできる構造バリエーションが $1.02 \times$

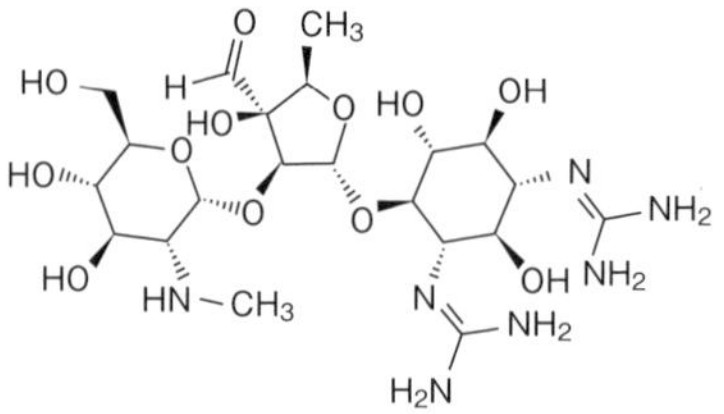

ストレプトマイシン
Streptomyces griseus
抗生物質

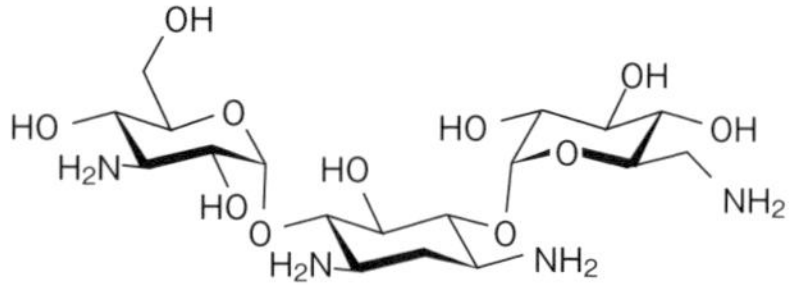

カナマイシン
Streptomyces kanamyceticus
抗生物質

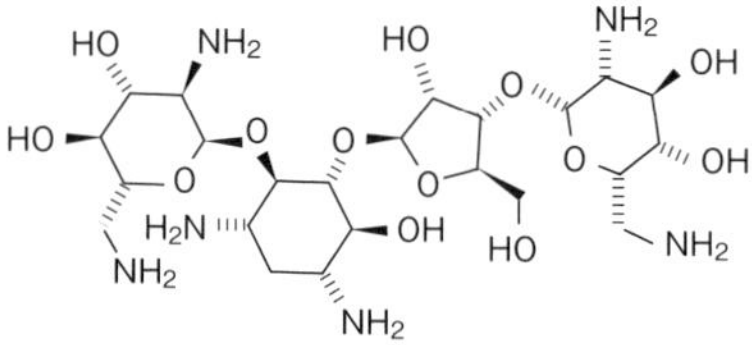

ネオマイシン（フラジオマイシン）
Streptomyces fradiae
抗生物質

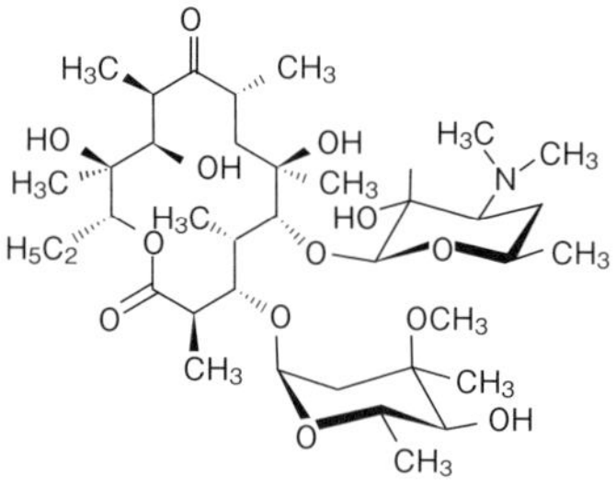

エリスロマイシン
Saccharopolyspora erythraea
抗生物質

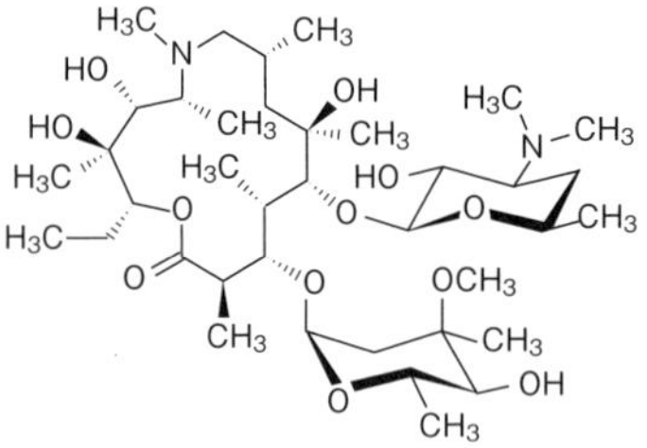

アジスロマイシン
Saccharopolyspora erythraea
抗生物質

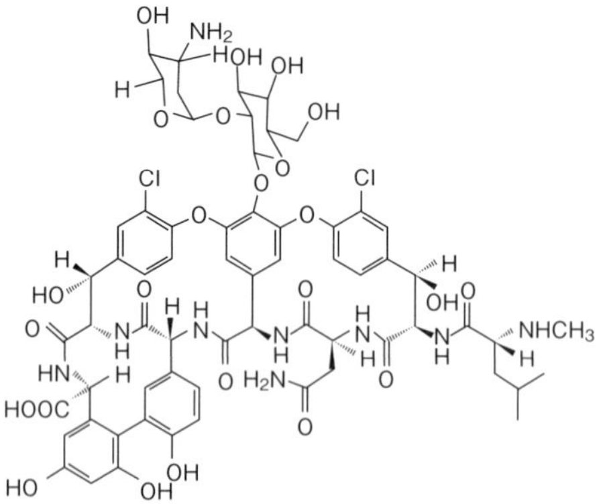

バンコマイシン
Amycolatopsis orientalis
MRSAに対する抗生物質

図2-12　放線菌（*Streptomyces*属）などの微生物が産生する抗生物質群

抗生物質の多くが配糖体であることがわかる。

10^{12}、すなわち約1兆であると計算した。この数字がいかに大きいかは核酸、タンパク質と比較すれば実感できる。

核酸（リボ核酸＝RNAとデオキシリボ核酸＝DNA）を構成するヌクレオチドとして4種類の塩基がある（RNAではウラシル＝U、グアニン＝G、アデニン＝A、シトシン＝C、DNAではウラシルの代わりにチミン＝T）。したがって、6つのヌクレオチドがホスホジエステル結合（phosphodiester bond）でつながってヘキサヌクレオチド（hexanucleotide）となった場合、構造のバリエーションはDNA、RNAいずれの場合も $4^6 = 4,096 = 4.096 \times 10^3$ となる。

一方、タンパク質では、これを構成する標準アミノ酸は20なので、これらがペプチド結合（peptide bond、酸アミド結合の一種）でつながると構造バリエーションは $20^6 = 64,000,000 = 6.4 \times 10^7$、すなわち6,400万強となり、ヘキサヌクレオチドの1万5千倍以上になる。

しかし、糖の場合はさらに多様性が増す。6つの糖が枝分かれしてつながると（hexasaccharide）、レインの計算では1兆に達するという。ヘキサペプチド（hexapeptide）のさらに1万5千倍以上の構造バリエーションだ。

グルコースなどのアルドヘキソースが2つつながるだけで8種の異性体が生じる（トレハロースのような還元基同士の結合は除外）。これら8種のD-グルコース二量体にはそれぞれ名前がついているが、なかにはコージビオースのように高価なものもある。**表2-4**に非還元糖を含めすべてのD-グルコース二糖を示す。糖鎖の多様性が、複数の水酸基によって賄われるグリコシド結合に起因することがわかるだろう。

2-9　糖鎖の存在形態

糖同士が結合するときグリコシド結合が形成されることを述べた。糖鎖はタンパク質や脂質と結合した状態で存在することが多く、これらを一般に複合糖質（糖鎖）と呼ぶ（**図2-13**）。遊離糖（注：ミルクオリゴ糖や麦芽糖など）のように糖鎖のみで存在するものはまれである。

表 2-4　D-グルコースからなる二糖類の名称と特徴

結合様式	名称（英語）	特筆事項
α1-1α	トレハロース（treharose）	昆虫血リンパ、保水性、食品・化粧品など
β1-1β	イソトレハロース（isotreharose）	トレハロース様の活性なし
α1-1β	ネオトレハロース（neotreharose）	トレハロース様の活性なし
α1-2	コージビオース（kojibiose）	麹カビ由来、高価
β1-2	ソホロース（sophorose）	セルラーゼ誘導物質
α1-3	ニゲロース（nigerose）	麹カビ由来、味覚改善、退色抑制
β1-3	ラミナリビオース（laminaribiose）	褐藻類由来、蜂蜜の甘み成分の一つ
α1-4	麦芽糖・マルトース（maltose）	麦芽、デンプン分解物、アルコール発酵源
β1-4	セロビオース（cellobiose）	セルロースの分解物
α1-6	イソマルトース（isomaltose）	酒、蜂蜜に含有
β1-6	ゲンチオビオース（gentiobiose）	苦味、リンドウ、キョウチクトウの葉

　糖タンパク質糖鎖には大きく分けてアスパラギン結合型糖鎖（アスパラギン残基の側鎖窒素原子に結合しているので N グリカン、N 配糖体とも）、セリン / トレオニン結合型糖鎖（同様にセリン / トレオニン残基側鎖の酸素原子に結合しているので O グリカン、O 配糖体とも）がある。

　2-7 節で述べたように、複合糖質も糖鎖部分とアグリコンそれぞれの多様性が積算されるため、構造的な多様性は大きく膨れ上がる。特に糖タンパク質の場合、糖鎖の付加部位は 1 つとは限らない。この点は他の配糖体と大きく異なる。

　また、1 つの糖鎖付加部位に対し、実際に付加する糖鎖構造は不均一である。糖鎖付加部位をサブユニットあたり 1 か所しか持たない免疫グロブリン G（IgG）では定常領域に一対の N グリカンが付加するが、それでも通常 10 種以上の糖鎖構造が確認される。

　複数の付加位置をもつ糖タンパク質では付加位置ごとに糖鎖構造が異なることがある。この場合、糖タンパク質の分子的多様性はさらに増大する。仮に、3 か所の N グリカンの付加部位をもつ糖タンパク質があり、それぞれの結合部位に糖鎖が付加しない可能性も含め 10 種の構造多様性があるとすると、この糖タンパク質が取りうる分子的多様性は 10^3 に達する。

　糖脂質はグリセロ糖脂質とスフィンゴ糖脂質に大きく分けられるが、後

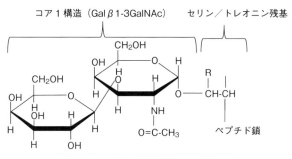

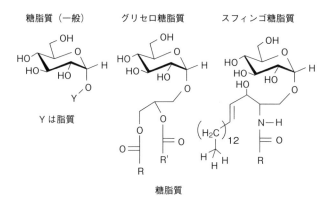

図2-13 複合糖質におけるグリコシド

第2章 糖の構造と構築原理 25

者はさらに脂質に結合している単糖の種類によって、Glcセラミド系とGalセラミド系に分けられる（セラミドは糖脂質の脂質部分を構成する物質の名称）。さらに前者のGlcセラミドはラクト／ネオラクト系、グロボ系、ガングリオ系などに細分される。もっともこれらはヒトを中心にした分類方式で、他の生物、とくに下等生物ではさらに多様な糖鎖の存在様式や類型が知られている。図2-14に、核酸、タンパク質、糖鎖、脂質、複合糖質の関係を簡略にまとめた。

❖ 2-10　脂質と糖鎖

脂質は生物から単離される水に溶けない物質を総称したものであって、核酸、タンパク質、糖鎖のように特定の化学的、構造的性質によって定義されるものではない（注：1925年、W・R・Bloor（ブロール）による脂質の定義）。

脂質は細胞膜の主成分であり、エネルギー貯蔵物質としての働きのほか、

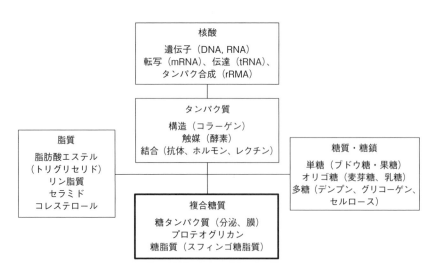

図2-14　生命3＋1鎖：核酸、タンパク質、糖鎖、脂質の関係

本書では主として複合糖質について述べるが、その前身である糖鎖・糖質が、エネルギー・物質代謝やバイオマス形成の観点で重要であることを銘記すべきである。脂質は脂溶性であることから分類される生体物質の総称であるが、本書では生命3鎖である核酸、タンパク質、糖鎖と区別する。

ステロイド系ホルモンの原料としても重要な役割をしている。しかし、タンパク質や核酸のような構造的基盤はなく、構成要素間の脱水縮合による構造的多様性を形作るという一般則もない。ただ、中性脂質を代表するトリグリセリドではグリセリンと3つの脂肪酸がエステルを形成している。このエステルはアルコール（グリセリン由来の水酸基）と酸（脂肪酸由来のカルボキシル基）が脱水縮合したものである。

　脂質の主要な構成成分である脂肪酸は高エネルギー化合物であり、糖質よりも重量あたりでははるかに多量のATPを生産する。しかし、次章で述べる生体分子の化学進化に脂肪酸は登場しない。

　脂質や脂肪酸は非生物的合成の対象外の研究なのかもしれない。前述のように脂肪酸は高エネルギー物質であることから、化学エネルギー（ATP）を利用した生物のはたらきがないと合成できないと考えられるからだ。しかし、糖鎖の一部はセラミドと呼ばれる脂質と複合体を形成し、動物細胞膜の重要な構成成分となっている（図2-13下）。脂質は現在の細胞が成立するうえで不可欠な物質であるが、その効率的生成は生命誕生の後なのだろう。

❖ 2-11　核酸（DNA、RNA）も糖鎖？

　核酸は生命にとって不可欠な遺伝情報物質である。ほとんどの生物はDNAを遺伝物質として細胞内に格納し、ある刺激を受けると特定の遺伝子にスイッチが入り、RNA合成が起こる。

　RNAにはタンパク合成の場であるリボソームRNA（rRNA）、タンパク質の原料となるアミノ酸をアミノアシル化された状態で運ぶ転移RNA（tRNA）、鋳型DNAから遺伝情報の写し取られた伝令RNA（mRNA）の3種がある。いずれもリボヌクレオチド（リボース、リン酸、塩基の複合体）を構成成分とする。

　このうちリボースのみが不斉炭素をもつ。リボースはホスホジエステル結合を介してリボヌクレオチドを連結する役目を担う。DNAでは2位の水酸基が水素に置き換わるため、RNAが有する自己触媒活性がない。デ

オキシリボースが2-1節で述べた炭水化物の基本組成（$C_nH_{2n}O_n$）を満たさないことは生物学的に意味がある。2位水酸基を失うことでDNAは化学的により安定となり、遺伝子として優れた特性を身につけたのだ。

さて、糖鎖の定義を「単糖がグリコシド結合によって鎖状につながったもの」とすれば核酸は糖鎖ではない。単糖同士をつないでいるのが「ヘミアセタール」が関らないホスホジエステル結合だからだ。

ここで、核酸に他の糖ではなくリボースが用いられている理由を考えてみよう。DNA、RNAはいずれも二重らせんという安定な立体構造をつくる。このらせん構造は核酸における5'末端から3'末端へと続く2本の鎖が逆平行に配置して形成される。ここでそれぞれの単鎖で、3'側と5'側は上下逆向きになる必要がある。一方、RNAの自己触媒能を満たすには、2'水酸基と3'水酸基が同じ方向を向く必要がある（**図2-15**）。

この条件を満たす単糖はリボースのほかにはアロースとプシコースしかない。いずれもフラノース構造をとったとき、上記3つの水酸基の配向性

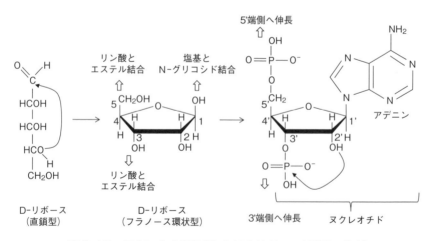

図2-15 ヌクレオチド形成におけるリボース水酸基の役割

まず、直鎖型のリボースが4位の水酸基を介して環状構造（フラノース型）を形成する。次に、3位、5位の水酸基がそれぞれ1分子のリン酸とエステル結合を形成（ホスホモノエステル結合）、さらに1位のアノマー性水酸基が塩基（図ではアデニン）とNグリコシド結合を形成する。塩基が結合したヌクレオチドではリボースの位置番号に「'」が付せられる。2'-OHは3'-OHにつながるリン酸エステルを攻撃しやすい。

が同じになる。しかし、この2つは自然界にはほとんど存在しない希少糖である（3-10節）。したがって、リボースが核酸成分としては唯一無二の糖なのだ。リボヌクレオチドの起源については次節で述べる。

❖ 2-12　RNAワールド：核酸が先かタンパク質が先か

「核酸が先かタンパク質が先か」という問いは、いわゆる「ニワトリと卵」の問題だ。核酸（遺伝子）はタンパク質の設計図なので核酸の存在が前提だが、核酸をつくるにはタンパク質という「職人」が必要だ。この問題の鍵は、RNAの自己触媒能かもしれない。

RNAはレトロウイルス（注：RNAを遺伝子として持ち、逆転写酵素によってRNAをDNAに変換し、宿主細胞のゲノム中に潜り込む。1970年、H. M. Temin（テミン）らとD. Baltimore（ボルティモア）らによって独立に発見された）など一部のウイルスで遺伝子として機能していることが知られる。他のウイルス、およびすべての原核生物と真核生物ではDNAが遺伝物質だ。

RNAには触媒活性のある2'-水酸基が備わるため、ときにタンパク質と同じような酵素活性をもつ。T. R. Cech（チェック）、S. Altman（アルトマン）らによる酵素活性をもつRNA分子、リボザイム（ribozyme）の発見である。前述のように、DNAはリボースに代わり2'-デオキシリボースをペントースとしてもつため、この触媒活性をもたない。

リボースの2位水酸基はいわば「両刃の剣」であり、種の存続を担う遺伝情報を安定に格納するには危険極まりない。この脅威から逃れるため、生物は進化の過程で遺伝物質をRNAからDNAへと転換したのだろう。つまり、現在の遺伝システム成立以前の生物ではRNAが遺伝子とタンパク質（酵素など）の両役を担っていたのではないか。これがいわゆるRNAワールド説の骨子である。

では、糖鎖はどうか。残念ながら糖鎖は遺伝情報や酵素活性では核酸やタンパク質には到底及ばない。むしろ、糖鎖は細胞社会の登場があって初めて能力を発揮したと考えられる（第4章参照）。実は、RNAワールドの

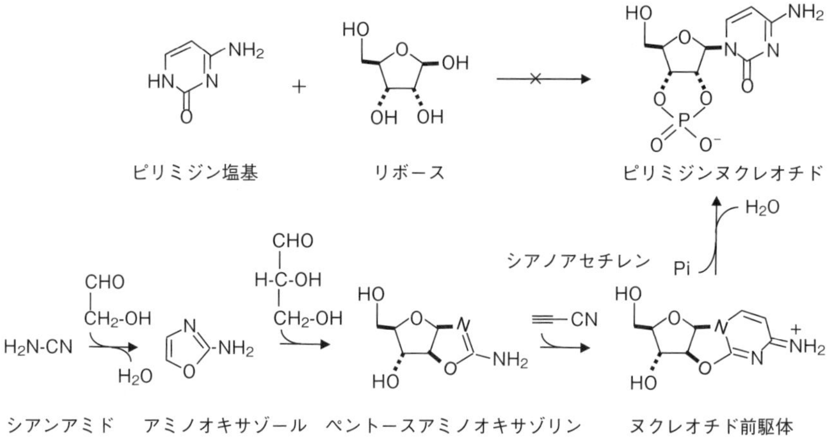

図 2-16　Powner（ポウナー）らによるリボヌクレオシド生成機構の概要

シアンアミドがグリコールアルデヒドと重合することでアミノオキサゾールが、さらにこれがグリセルアルデヒドと重合することでペントースアミノオキサゾリンが生成する。この化合物とシアノアセチレンが重合するとヌクレオチド前駆体が生成する。この機構では単独のリボースの生成は必要としない。一方、グリセルアルデヒドが上図のようにD体であれば、生成するリボヌクレオチドのリボース部分も自ずとD体となる。
出典：M. W. Powner ら（2009）*Nature*.[7]

大前提となるリボースの存在がこの説に大きな疑問を投げかけている。リボースの起源を説明する機構がないからだ。これは長い間生命起源研究者にとって大きな謎であったが、最近、リボースが単体ではなくリボヌクレオチドとして生成したとする説が M. W. Powner（ポウナー）らによって提出された（図 2-16）。

真偽は定かではない。しかし、もしリボースがグルコースなどのように単糖として生成したのではなく（第 3 章）、リボヌクレオチドという複合体として生じたのであれば、その起源はグルコースやフルクトース、およびそれらから派生するさまざまなブリコラージュ産物（3-7 節）とは一線を画することになる。つまり、リボースとそれを除くすべての糖は生まれも育ちも異なる、いわば似て非なる糖の仲間ということになろう。

【コラムI】 GADVタンパク質ワールド仮説

　RNAワールドについておさらいしておこう。最初の遺伝物質としてはDNAではなくRNAの方がその可能性が高い。RNAにはDNAにはない触媒作用がある。この触媒作用は、今日生体内ではタンパク質が担っている酵素活性や結合活性にほかならない。

　池原健二博士は、RNAが触媒機能を有し原始生命時代にある程度機能したことは否定しないが、機能の中心はRNAではなく、やはりタンパク質（ペプチド）であったのではないか、と述べている。その中心になるのが、GADVタンパク質仮説だ。

　現在の生物は20種のアミノ酸から構成され（標準アミノ酸）、そのすべてが遺伝子によってコードされている（**コラムI図1**）。このうち、グリシン（一文字表記法でG）、アラニン（A）、アスパラギン酸（D）、バリン（V）の4種が、原始生命が採用した最初のアミノ酸で、それらからなるペプチドが複製や代謝を営んだとする仮説だ。

　その根拠は以下の2点である。

1) 上記4アミノ酸は親水性（アスパラギン酸）と疎水性（バリン）の両親媒性を担保し、かつタンパク質の立体構造の要素となる二次構造形成に高頻度で関与している。
2) 上記4アミノ酸は遺伝暗号上、いずれもグアニン塩基で始まるコドン「GNC」にコードされる。

　池原博士の唱える仮説の当否はともかく、第2点は面白い着眼点である。現生物が用いている遺伝暗号を「完成形」とするなら、原始生命が最初から普遍暗号を採用していたとは考えにくい。物事は単純なものから次第に複雑化する道筋をたどる。

　コラムI図1では池原博士の唱えるGADV仮説の4つのアミノ酸はすべて、1塩基目がグアニン（G）、2塩基目は任意（N＝UCAG）、3塩基目

		U	C	A	G	
U		Phe	Ser	Tyr	Cys	U
		Phe	Ser	Tyr	Cys	C
		Leu	Ser	終止	終止	A
		Leu	Ser	終止	Trp	G
C		Leu	Pro	His	Arg	U
		Leu	Pro	His	Arg	C
		Leu	Pro	Gln	Arg	A
		Leu	Pro	Gln	Arg	G
A		Ile	Thr	Asn	Ser	U
		Ile	Thr	Asn	Ser	C
		Ile	Thr	Lys	Arg	A
		Met（開始）	Thr	Lys	Arg	G
G		Val	Ala	Asp	Gly	U
		Val	Ala	Asp	Gly	C
		Val	Ala	Glu	Gly	A
		Val	Ala	Glu	Gly	G

普遍遺伝暗号（20アミノ酸）

	U	C	A	G	
C	Leu	Pro	His	Arg	C
	Leu	Pro	Gln	Arg	G
G	Val	Ala	Asp	Gly	C
	Val	Ala	Glu	Gly	G

SNS原始遺伝暗号（10アミノ酸）

	U	C	A	G	
G	Val	Ala	Asp	Gly	C

GNC原始遺伝暗号（4アミノ酸）

コラムI 図1 生命進化における遺伝暗号の変遷（推定）

池原健二博士の唱えるGADVタンパク質仮説によれば、原始生命の用いた遺伝暗号はGNC（NはATGCいずれか）の4種のみであり、それらがコードするアミノ酸、Gly, Ala, Asp, Valで立体構造構築に必要な二次構造や両親媒性を確保できたとする。

がシトシン（C）からなっている。さらに、次の進化段階として、1塩基目と3塩基目がそれぞれGに加えC、Cに加えG（これらを合わせSと呼ぶ）とすると、これら16のコドンがコードするアミノ酸の種類は10に増える（SNS原始遺伝暗号）。すなわち、現在の普遍遺伝暗号に至る過程にはGNC原始遺伝暗号とSNS原始遺伝暗号という2つの原始遺伝暗号系から進化した、と仮定できる。

　生命誕生を再現することは難しいが、検証すべき課題は明らかだ。GADV4つのアミノ酸だけで、本当に安定な構造や触媒機能をもったペプチドやタンパク質をつくることができるのか、それをまず証明しなければならない。また、そのような原始タンパク質にはどの程度の特異性があったのか。Lアミノ酸の選択がどのようになされたのか、など。

　しかし、GADV仮説が正しいとしても、それをコードするのは遺伝子（RNA）である。2-12節で述べたポウナーらのリボヌクレオチド起源説は本当なのだろうか。であれば、他の糖はどのように誕生したのか。遺伝子、タンパク質、糖鎖、これらは決して独立な存在ではないはずだ。次章では糖の起源についてみていこう。

第3章

糖の起源

✦ 3-1 主要構成糖の起源に関する進化仮説

　前章で核酸の構成成分であるリボースが他の糖と異なる起源をもつ可能性を述べた。では、リボース以外の糖はどのようにして誕生したのだろうか。生命起源前における化学レベルでの物質の誕生に関する議論を「prebiotic synthesis（生命出現以前における合成の意）」あるいは「化学進化」と呼ぶ。

　著者は1996年に主要ヘキソース（グルコース、フルクトース、マンノース、ガラクトース）の起源に関する仮説を発表し、何度かそれを土台とする起源説を展開したが、ここでもう一度主要構成糖の起源と進化に関する説を概観したい。まず、糖化学の視点からいえることは以下の事柄である。

1. 「ホルモース反応」だけが糖の前生物的合成として知られている。
2. 弱い還元的大気（原始地球には遊離酸素がほとんどなく大気は還元性だったとされる。アンモニアやメタンガスなどが存在）を想定すれば、ホルモース反応で生じた単糖類は比較的安定に存在する（注：強い還元性の場合、糖がアンモニアと反応してしまう）。
3. ホルモース反応の初期産物であるグリセルアルデヒドとジヒドロキシアセトンが「アルドール縮合」を起しケトースが生成する。
4. 上記グリセルアルデヒドがD体であった場合、それがアルドール縮合やLobry（ロブリー）転位を起こした結果生じる糖もすべてD体となる（L体からもL糖しか生じない）。

5. このアルドール縮合で優先的に生成するのは3、4位の水酸基がトランス配置となるフルクトースとソルボースである。
6. フルクトースが「ロブリー転位」(3-5節) を起こすとグルコースとマンノースが生成するが、ソルボースからは理論的にイドースとグロースが生成する。しかし後者2糖はいずれもグルコースに比べ十分安定な「C1椅子型構造」をつくれず安定に存続できない。
7. 上記3〜6の反応はいずれも塩基触媒下、平衡反応で進行する。

さて、ここで現在の生物が用いている単糖に大きな偏りがあることを述べておこう。図3-1はD-アルドヘキソースの系列である。このうち自然界に存在するのはグルコース、マンノース、ガラクトースのみだ。この成因として考えられるのが、C1椅子型構造をとったときの1,3-ジアキシアル相互作用の有無である。

自然界に存在する上記3糖はそのような好ましくない相互作用(立体的反発)が皆無であるか(グルコース)、あっても最少である(マンノース、

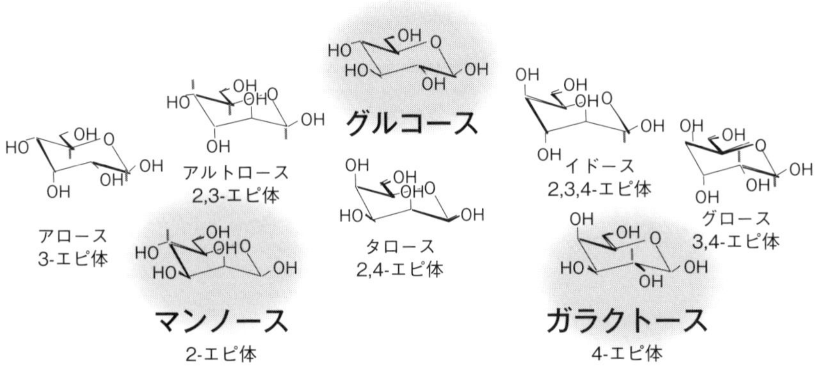

図3-1　D-アルドヘキソースの系列

自然界には安定な糖だけが存続に有利である。グルコース、マンノース、ガラクトースはC1椅子型構造をとったとき、アキシアル配向性となる水酸基の数が最小で、かつ立体的な反発を生じる1,3-ジアキシアル相互作用が最小数である。これに対し、アロース(アキシアル水酸基は1個だが、2個の1,3-ジアキシアル相互作用を発生) 他すべてのアルドヘキソースはC1椅子型構造が不安定となる。したがって、存在量が少なく、生命起源において採用されなかったと考えられる。

ガラクトース；図3-2)。

　環の安定性がこれらアルドース間で大きく異なることは、ポーラログラフィーによる解析で検証できる。この分析法ではアルデヒド型（直鎖型）を検出するので、C1椅子型構造に代表される環状構造が不安定であれば、アルデヒド型の比率が増す。事実、グルコースにはほとんどアルデヒド型が検出されず（0.024%）、マンノース（0.064%）とガラクトース（0.082%）がこれに続く。これに対し、同じグルコースのエピマーでも、1,3-ジアキシアル相互作用を複数もつアロース（3-エピグルコース）では1.38%と対グルコース比で58倍も不安定化する（表3-1)。

　自然は、安定なアルドヘキソースであるグルコース、マンノース、ガラクトースしか選択しなかったようだ。ガラクトースがグルコースに次ぐ準安定な糖であるにもかかわらず、化学進化での発生は説明しにくいことについては3-6節で述べる。

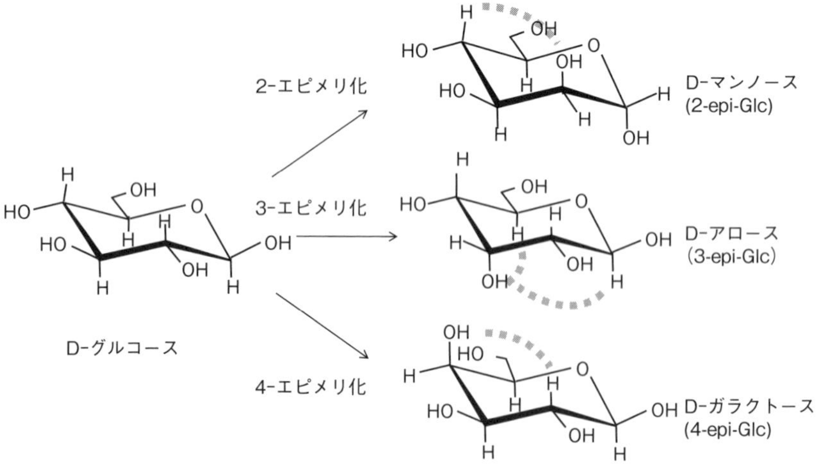

図3-2　1,3-ジアキシアル相互作用はC1椅子型構造を不安定化する

地球上最大のバイオマスであるD-グルコースには「有害な」1,3-ジアキシアル相互作用が一つも存在しない。一方、マンノースやガラクトースもこれに準じるが、グルコースの3位エピマーであるアロースには2つの1,3-ジアキシアル相互作用が生じ、環構造は大きく不安定化に傾く。

表 3-1　ポーラログラフィーによる開環構造（アルデヒド型）の分析データ

		アルデヒド型(%)	対グルコース比
ヘキソース	グルコース	0.024	1
	マンノース	0.064	2.7
	ガラクトース	0.082	3.4
	アロース	1.38	58
ペントース	キシロース	0.17	7.0
	アラビノース	0.27	11
	リキソース	0.40	17
	リボース	8.5	354

アルデヒド型の割合が高いほど環状構造（主としてC1椅子型構造）が不安定であることを示す。最安定なグルコースではアルデヒド型は0.024%にすぎないが、1,3-ジアキシアル相互作用が1つだけ生じるマンノースとガラクトースではその割合は約3倍となる。自然界に存在しないアロースではアキシアル水酸基は、マンノースやガラクトースと同じ最低の1個だが、1,3-ジアキシアル相互作用が複数発生してしまう。核酸成分であるリボースのアルデヒド型が突出して大きいことにも注目。

出典：阿部喜美子・瀬野信子「糖化学の基礎」講談社サイエンティフィック、1984

❖ 3-2　認識糖ガラクトース

　ここまでの議論から、ガラクトースはグルコースに次いで準安定な「許容された糖」であることがわかる。ガラクトースには以下に記す認識糖としての特徴がある。

1. レクチン（糖に親和性を持つ一連のタンパク質）のほとんどがガラクトースとグルコース、あるいはガラクトースとマンノースの区別を厳密に行っているが、マンノースとグルコースの識別は厳密でないことが多い。
2. ガラクトースの認識において「4-アキシアル水酸基」の存在は不可欠である。
3. ガラクトースが認識糖として機能していることを示す事例が、（ガラクトースを幅広く登用した）高等動物を中心に多々ある。
4. ガラクトースは、グルコースやマンノースと異なり、糖鎖生合成の後の段階で付加される傾向にある（終端付加則）。
5. ガラクトースの生合成機構は、糖ヌクレオチドの4-ケト中間体を経る

など、ロブリー転移を基盤とするグルコース・マンノース・フルクトース間の相互変換機構とは、異なる点が多い。

6. ガラクトースはリボースやデオキシ糖などが4-ケト中間体を経てグルコースまたはマンノースから生成されるのと同じように、「ブリコラージュの産物」（3-7節）といえる。

図3-3に動物細胞におけるNグリカンの典型的な生合成スキームを示す。Nグリカンはすべての真核生物に共通する合成機構をもち、アスパラギン側鎖のアミド基（-CONH$_2$）に糖鎖付加が起こることからこの名がある。ここで、グルコース（またはN-アセチルグルコサミン）やマンノースが生合成の初期に登場するのに対し、ガラクトースは最後の段になって付加されることがわかる。さらに、シアル酸がガラクトースを修飾することもある。これら2つの糖は、レクチンの認識標的となっていることが多く、そのため、糖鎖生合成の後段で登場することが有利にはたらく。進化

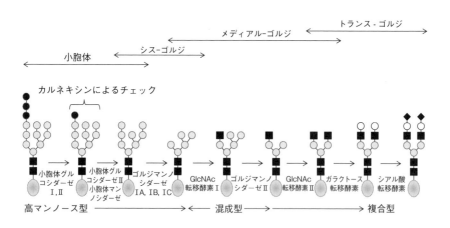

図3-3 Nグリカンの生合成スキーム

哺乳類など高等動物におけるNグリカンは、生合成過程でプロセッシングと呼ばれる刈り込みが行われた後、ガラクトースやシアル酸の末端修飾が起こり、典型的な複合型糖鎖構造へと成熟する。ちなみに、Nグリカンの生合成は、酵母からヒトに至るすべての真核生物で、共通の前駆体（Glc$_3$Man$_9$GlcNAc$_2$-ドリコールリン酸）が用いられる。

的に後で獲得した形質はプロセスの後段で付加される傾向がある（生物学における終端付加則）。

ガラクトースは化学進化では登場しなかった、というのが本書の立場である。その根拠になる化学進化について、次節以降で詳しく述べてみよう。

3-3　ホルモース反応

ホルモース反応とはホルムアルデヒドが自動的に重合していく自律的反応である。そのことを指摘したのは 1859 年にホルムアルデヒドを発見した A. Butlerov（ブトレロフ）である。

ブトレロフはホルムアルデヒドの水溶液（ホルマリン）を石灰と混ぜておくと「糖蜜」に変化することに気づいた。ホルムアルデヒド自身はカルボニル化合物でありながら隣接炭素に付加した水素をもたないため、それ自身だけではアルドール縮合を起こせない。

この反応機構を詳細に調べたのは E. Fischer（フィッシャー）をはじめとするドイツ有機化学者たちであった。長年の研究の結果、ホルモース反応は極めて複雑な反応で、いくつかの段階に分けて低分子量の糖から高分子量の糖が生成すると推論した。

すなわち、1) 適当な塩基触媒の存在下でホルムアルデヒドが三炭糖であるグリセルアルデヒド（GA）とジヒドロキシアセトン（DHA）を生じる過程、2) これら2種類の三炭糖がアルドール縮合を経て六炭糖（ヘキソース）を生じる段階、さらに3) 同じ塩基触媒存在下でヘキソースの1つであるフルクトースがより安定なグルコースを生じる段階（Lobry 転移）である（3-5 節）。

この反応は原始地球上の黎明期における糖（炭水化物）生成のシナリオを提出する唯一の反応機構として注目される（**図 3-4**）。以下のシナリオはすべてこのホルモース反応が成立したことを前提とする。

3-1 節でも述べたが、最初に生じたグリセルアルデヒドが D 体であれば、次のアルドール縮合で生じるケトヘキソース（フルクトース、ソルボースなど）もやはり D 体となる。このことを詳しく考えてみよう。

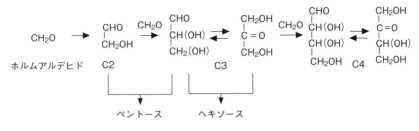

図 3-4 ホルモース反応のあらまし

ホルムアルデヒドの水溶液を適当な塩基性触媒存在下で反応させると、重合反応が連続的に起こり、複雑な炭水化物の混合物が生成する。糖の前生物的合成を説明する唯一の反応とされる。

❖3-4 アルドール縮合

　ホルモース反応は塩基触媒（アルカリ土金属や粘土触媒であるカオリナイトなど）存在下で進行するが、主生成物であるジヒドロキシアセトン（DHA）やグリセルアルデヒド（GA）は隣接炭素に水素をもったカルボニル化合物であるためアルドール縮合を起こしうる。

　さて、ここで、DHA と GA のどちらがエノラートアニオン（プロトンを放出し求核攻撃を行う分子種、以下「EA」）になるかによって、生成物が異なる。また、それぞれが自分自身と反応する可能性（自己重合）も考慮しなくてはならない。つまり、アルドール縮合の組み合わせは以下の4通りとなる。

1) GA（EA）が GA のアルデヒド基を求核攻撃→分岐構造
2) DHA（EA）が DHA のケト基を求核攻撃→分岐構造
3) GA（EA）が DHA のケト基を求核攻撃→分岐構造
4) DHA（EA）が GA のアルデヒド基を求核攻撃→直鎖構造

　このうち、1) と 2) が自己重合で、残りの 3) と 4) が交叉重合である。さらに直鎖状の糖が生成するのは 4) の場合だけである（**図 3-5**）。グリセルアルデヒドが求核種となった場合、2位の炭素が EA となるため、縮

合物には必ず「枝別れ」が生じる。ジヒドロキシアセトンが求核攻撃を受けた場合も、2位のカルボニル炭素に結合ができるためやはり「枝別れ」ができる。

　原理的には枝別れのある炭水化物があってもよいが、現実には例外的に存在するにすぎない。考えられる理由は、枝別れによって安定な環状構造（ピラノース環のC1椅子型構造）ができにくくなることだ。

　4）のアルドール縮合で生成する炭水化物は、アルドースではなく必ずケトースになる。ジヒドロキシアセトンの2位のケト基とグリセルアルデヒドの不斉炭素が温存されるわけだ。つまり、このアルドール縮合では、D-グリセルアルデヒドからはD-ケトヘキソースしか生じない（注：糖のD/L表記はカルボニル基から一番遠い不斉炭素についた水酸基の配向性で定義される。フィッシャー表記法で描いた場合、右向きの水酸基をもった分子がD糖となる）。

　もう1つ重要な知見は、ホルモース反応の一環として起こるアルドール縮合の主生成物が、3,4位水酸基がトランス配置のフルクトース、およびソルボースだということだ。これはFischer（フィッシャー）ら（親子2代にわたる研究の成果）が明らかにした。ちなみに、アルドール縮合でフ

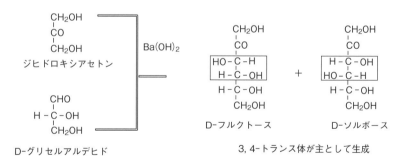

図3-5　アルドール縮合の反応機構

三炭糖であるグリセルアルデヒド（アルドース）とジヒドロキシアセトン（ケトース）は適当な塩基触媒下で縮合し六炭糖（ケトヘキソース）を生じる。フィッシャーらはその主生成物が3,4-位がトランスの関係にあるフルクトースとソルボースであることを示した。フルクトースからは後段のロブリー転移によって安定な糖、グルコースとマンノースが生成するが、ソルボースからは不安定なグロースとイドースしか生成しない。一方、自然が採択しているガラクトースがこの機構で生成するには、原料としてタガトースが必要になる。

ルクトースが生じる反応は解糖系の逆反応でもある。

アルドール縮合に際しては、求核攻撃を起こす EA 側もこれを受けるカルボニル炭素側も sp^2 混成軌道であるが、生成物は sp^3 混成軌道をもつ。したがって不斉炭素が新たに 2 つ生じる。理論的には 2 × 2 = 4 通りの組み合わせがあるのだが、立体的安定性ゆえに、主にそのうちの 2 つが生成することをフィッシャーらは示した。ちなみに、これらがシス配置をとる糖（遷移状態が不安定）はタガトースとプシコースである。

3-5 Lobry（ロブリー）転位

正式名を Lobry de Bruyn-Alberda van Ekenstein 転位という。1885 年にオランダ人化学者である Cornelis Adriaan Lobry van Troostenburg de Bruyn と Willem Alberda van Ekenstein によって発見された単糖の異性化反応で、ケト・エノール互変異性を経て進行する。以下、単にロブリー転位と呼ぶ。

ホルモース反応は、アルドール縮合と同様塩基触媒によって進行する。したがって、ホルモース反応でグルコースが生成するのは、最終的にこの異性化反応が起ったためと考えられる。反応は平衡反応で進行するのでどの化合物から始めても理論的に結果は同じになる。また安定性の高い化合物ほど多く生成する。

Wolform（ウォルフォーム）は飽和石灰水（$CaCO_3$ 溶液）でグルコースを 35℃、1 週間処理したところ、グルコース（63.5％）の他にフルクトース（31％）、マンノース（2.5％）を得たという（図 3-6）。グリセルアルデヒドとジヒドロキシアセトン間の相互変換もこのロブリー転位に他ならない。

ロブリー転位は重要な糖化学の反応であるが、最近の生化学の教科書からは姿を消してしまった。反応の意味するところが理解されていないのか、はたまた名前が長すぎた（？）のか、いずれにしても大変残念なことだ。

ロブリー転位の本質は、ケト・エノール互変異性（たとえば、グルコース・フルクトース間の異性化）、およびエンジオール中間体を介したカル

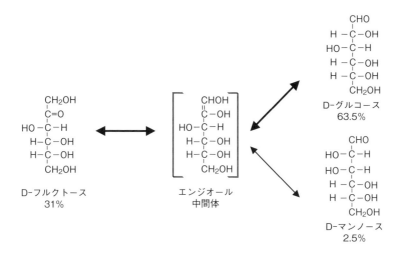

図 3-6　ロブリー転位反応

Lobry de Bruyn と Alberda van Ekenstein が見出した塩基性条件下で進行する相互変換反応。エンジオール中間体を経て 1, 2-位間の異性化反応が起る。平衡反応のため、十分な反応時間後の収率は各生成物の安定性を反映する。

ボニル基（アルデヒド、ないしケトン基）隣接位水酸基のエピメリ化である。

　グルコースを例にとると、アルデヒドの隣接位（2位）がエピメリ化するとマンノースを生じる。では、フルクトースではどうだろう。ケトン基の隣接位は1位だけではなく3位もその標的となるが、これがエピメリ化すると前出のプシコースが生成する。

❖ 3-6　ガラクトース後生説

　さて、今まで述べてきた糖の起源に関するシナリオにはガラクトースが登場しない。ガラクトースは自然界に存在するアルドヘキソースのなかにあって十分安定な環状構造をとるが、その化学的起源はフルクトース・グルコース・マンノース（起源三糖）とは異なるようだ。グルコース、およびマンノースはガラクトース同様、環状構造が安定な「許容された」アルドヘキソースである。しかし、上述の進化仮説からガラクトースは導き

出されない。

　すでに述べたように、ホルモース反応、アルドース縮合で生成するのはケトースである。フルクトースは起源三糖のなかでは、いわば「長男」の位置を占める。グルコースとマンノース（いずれもアルドース）は、後段のロブリー転位によって生成する弟たちである。

　ただし、フルクトースが塩基触媒に曝されれば、比較的短時間で、その安定性に応じてグルコースやマンノースが生成するはずだ。フルクトース・グルコース・マンノースの化学構造は1, 2-位を除けばまったく等しい。

　ガラクトースはグルコースの4位に関するエピマーである。もし、この水酸基をひっくり返す（エピメリ化する）のであれば、3位にケト基をもつケトースの存在が必要になる。しかし、そのようなケトースは存在しない（安定な環状構造を作れないから）。前駆体がなければロブリー転移も起こらず、ガラクトースの発生は難しい。

　ガラクトースの生合成はマンノースのそれとは異なりかなり複雑である。グルコースから4-ケト中間体を経て、これをNADHという補酵素を用いて還元する際に4位のエピメリ化を行う（図3-7）。同様な手口は他の単糖（デオキシ、ジデオキシ糖類）でも共通して用いられる。

　4-ケト中間体の選択は実にみごとだ。4位をケト化することによって4位の異性化（エピメリ化）のみならず、隣の3位、5位のエピメリ化も、「ケト・エノール互変異性」の利用により可能になる。4-ケト体は万能の前駆体だ。

　一方、4-エピメリ化の効果は生物認識にとって大きな意味をもつ。4位は還元末端から最も離れた位置なので、そこにあるアキシアル水酸基は目立つはずだ。だからレクチンの恰好の標的となる（7-8節）。

　繰り返しになるが、ガラクトースには認識糖としての適性があった。しかし、起源糖であるグルコースからの変換機構（4-ケト中間体）の進化を待ってはじめて構成糖となることができた。ガラクトースは有能でありながら糖の進化の後で登場した「遅れてきた糖」（later-comer saccharide）なのである。このことを「ガラクトース後生説」と呼ぶ。糖の進化プロセス（推定）の概略を図3-8にまとめた。

1）Fru, Glc, Man の相互変換
　エンジオール中間体を経てリン酸化体の形で相互変換

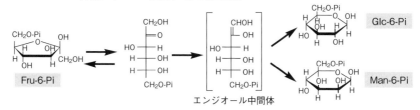

2）その他の単糖
　Glc, Manから糖ヌクレオチドの形で環状中間体を経て変換

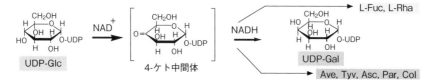

図3-7　生物における単糖変換の2つの方式

1）エンジオール中間体を経てリン酸化体の形で相互変換する方式で、ロブリー転位を基本とする異性化反応。これに対し、2）4-ケト中間体を経て補酵素、NAD（あるいはNADP）を用いて異性化、あるいはさらにデオキシ化などが進行する方式はグルコースやマンノースなど起源の古い単糖からさまざまな誘導体が派生するブリコラージュ方式といえる。ガラクトースの他、各種デオキシ糖（L-フコース、L-ラムノース）、ジデオキシ糖（アベコース、チベロース、アスカリロース、パラトース、コリトース）もこの方式で生産される。

3-7　ブリコラージュ

　フランスが生んだ偉大な文化人類学者、C. Lévi-Strauss（レヴィ＝ストロース、1908-2009）は、身の回りのありあわせの機材・具類を組み合わせてさまざまな道具を作り上げるさまを「鋳掛屋（いかけや）仕事」（フランス語で bricolage） と呼んだ。

　また、同じフランス出身の生物学者、F. Jacob（ジャコブ）は、遺伝子や分子構造、代謝機構の多様化戦略に同質な「焼き増し」作業が散見されることを指摘し、分子多様化のブリコラージュ（molecular tinkering）と呼んだ。ブリコラージュは設計図に基づく創出作業「エンジニアリング」と対比され、身の回りにあるありふれたものを、試行錯誤の末（行き当た

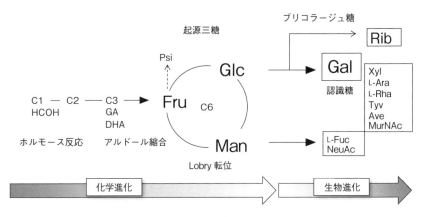

図 3-8　糖の進化プロセス（推定）

唯一の糖の前生物的合成機構であるホルモース反応、解糖系の逆反応であるアルドール縮合によって六炭糖であるフルクトースがまず誕生する。フルクトースは塩基触媒存在下 Lobry 転位により最安定なグルコースに転換するとともに、準安定なマンノースも生み出す（以上、化学進化段階）。原始生命が誕生し、さまざまな代謝機構が生み出される中、グルコースも最大限活用され、やがて遺伝物質として不可欠なリボースと認識糖として重要なガラクトースをもつくり出す。その他、フコースやシアル酸、キシロース、アラビノースなどもグルコースかマンノースから生成するブリコラージュの産物とみなせる。

りばったりに）目的物に改良する、いわば生活の知恵である。

　すべての生物がもっとも汎用性の高い（すなわちもっともありふれた）D-グルコース（ブドウ糖）をさかんに活用し、次々と有用な生体物質に転換していったさまは生物代謝系のブリコラージュに他ならない。遺伝子重複説を唱えた進化学者大野 乾（すすむ）博士は「一創造・百盗作」という言葉を用いた。これもまたブリコラージュに通じる表現だ。

　ブドウ糖はあらゆる生物にとって代謝の中核物質であり、この上なく便利な「具材」なのだ。これは、ブドウ糖が生物システム広範に行き渡っていたことを意味する。事実、解糖系（glycolysis）はすべての生物に共通するもっとも古い代謝経路である。

❖3-8　非対称性について：右分子と左分子

　D-グルコース（ブドウ糖）はエネルギー・物質代謝の中心的存在であり、

すべての生物がブドウ糖を使い回している。ここで注目すべきは、使いまわしの際に必ずD-グルコースが使われていることだ。鏡像異性体であるL-グルコースは決して登場しない。

タンパク質を構成する20種の標準アミノ酸のうちグリシンを除くすべてのアミノ酸には不斉炭素（α炭素）が存在するが、そのすべてがL型である。すなわち、鏡像異性体であるD-アミノ酸は基本的に存在しない（注：ここで用いているD/Lという呼称は命名規則上のものなので糖とアミノ酸が逆の呼称になっていること自体に意味はない）。

このような生命分子の「非対称性」について、かつてL. Pasteur（パスツール）は「生命の特徴の1つ」とした（図3-9）。なぜ非対称なのか。この謎の解明はなかなか難しいが、必然説と偶然説がある。偶然説は、最初に生物が採用したアミノ酸がたまたまL型であったため、その後のシステムはL型アミノ酸を採用せざるを得なくなったとする。最近の生命起源論ではL型アミノ酸の方がD型よりも量子力学的にはほんのわずかであるが安定であるとの必然説を説く。

L型の中にD型のアミノ酸が混ざればαヘリックスやβシートなど、高次な規則構造の形成が阻害されるのは明らかだ。すなわち、重合体とな

図3-9　パスツールの慧眼

白鳥の形をしたフラスコなどで知られるフランスの生物学者、パスツールは「生命あるものの一つの大きな特徴は非対称な生体物質からなっていることだ」といった。当時、旋光度計の発明から糖のアノマーの存在はすでに知られていたが、パスツールは「ワイン樽」に析出する酒石酸の研究から重要な生体物質である糖やアミノ酸の立体化学を研究し、これらがいずれも一方の鏡像異性体だけからなることを突き止めた。

ったとき、D体とL体が混合したシステムは許容しがたい。

　さらに、酵素は一般に、これら不斉炭素を含む片側の（非対象な）化合物しか認識しない。酵素は利き腕をもち、片方の鏡像異性体にしか働かない。たとえば、図3-10は誰でも知っているDNAの「二重らせん」モデルである。このらせんは「右巻き」である（注：鎖の進行方向に対し時計回り）。

　右巻きを決めているのは、この分子のなかで唯一不斉炭素をもち、かつ鏡像異性体をもつデオキシリボースだ。もし、デオキシD-リボースの代わりにデオキシL-リボースを使えば、らせんは「左巻き」になる（鏡に映せば1秒でできる）。つまり、二重らせんという構造体は全部「右巻き」用（D-デオキシリボース）か、「左巻き」用（L-デオキシリボース）にそろえないと完結しないシステムなのだ。このことはタンパク質の規則構造である α ヘリックスや β シートにも当てはまる。

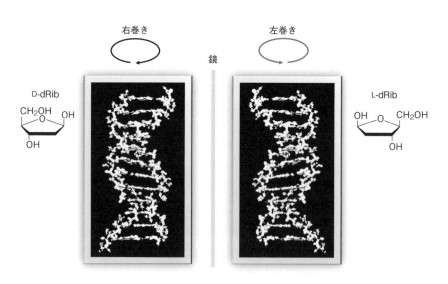

図3-10　DNA二重らせんの鏡像

現在の生物はすべて「右巻き」らせんのDNAをもつが、それはデオキシリボースがD体だからだ。もし、L体のデオキシリボースからなるDNAをつくったら、らせんは「左巻き」となる（鏡像）。

3-9　D糖とLアミノ酸の関係

　前節で、DNA二重らせんが右回りなのはデオキシリボースがD体のためと述べた。しかし、そもそも、なぜリボースはD体なのか。さらに、糖は基本的にD体である。ブドウ糖（D-グルコース）のみが発酵の原料となり、L-グルコースからアルコールは作れない。アミノ酸がL体で糖がD体である理由は何なのか。いずれも基本的な問題であるが誰も明確な答を持ち合わせていない。

　糖の場合、非対称性がいかにして生じたかは、三炭糖であるグリセルアルデヒドがD体であったか、L体であったかによって決まる。もし、原始地球上でD-グリセルアルデヒドが選ばれたとすると、その後の化学反応で生じる単糖類はすべてD体になる。では、D-グリセルアルデヒドとアミノ酸の間には何らかの関係があるのか。

　最近、コロンビア大学のグループから興味深い報告がなされた。R. Breslow（ブレスロウ）とZhan-Ling Cheng（チェン）は、ホルムアルデヒド（HCOH）とグリコールアルデヒド（CHO-CH$_2$OH）が重合してグリセルアルデヒドを生じるアルドール縮合において、さまざまな非対称アミノ酸（DまたはL体）を共存させた。

　その結果、Lアミノ酸（天然に存在するアミノ酸）を共存させた場合、L-プロリンを除き、いずれの場合もD-グリセルアルデヒドの生成率が高いことがわかった（表3-2）。これはL-アミノ酸の立体化学がD糖（グリセルアルデヒド）生成に有利に働いた可能性を示す。逆のケース（D-アミノ酸共存化でL糖が生成しやすいか）での検証を含めまだ十分なデータが整っているわけではないが、D糖とLアミノ酸の関係に初めて言及したものとして注目される。

　ちなみに、糖の中にはL-アラビノース、L-フコース、L-ラムノース、L-イズロン酸のように、L体と命名されるものがいくつかある（表3-3）。しかし、これらは定義上そうなっているだけで、いずれもD糖を原料としてつくられている。

第3章　糖の起源

表3-2　Lアミノ酸存在下で生成するグリセルアルデヒドのD/L比率

アミノ酸	D/L-グリセルアルデヒドの生成比率
L-セリン	50.3/49.7
L-アラニン	50.8/49.2
L-フェニルアラニン	52.2/47.8
L-バリン	52.2/47.8
L-ロイシン	54.4/45.6
L-グルタミン酸	60.7/39.3
L-プロリン	28.9/71.1

出典：R Breslow Z-L. Cheng（2010）*Proc Nat Acad Sci USA*.[8]

表3-3　L-体に分類される糖

L-アラビノース	最遠位の不斉炭素（4位）についた水酸基が左向きのため
L-フコース	D-マンノースから4-ケト中間体を経て生合成される
L-ラムノース	D-グルコースから4-ケト中間体を経て生合成される
L-イズロン酸	D-グルクロン酸の5-エピメリ化によって命名上L体に

❖ 3-10　希少糖

　希少糖は「自然界にその存在量が少ない単糖とその誘導体」と定義される（国際希少糖学会）。生物が生合成によって作る糖鎖の原料、単糖は糖ヌクレオチドのかたちで供給されるが、希少糖はそのような存在形態をもたない。

　ブドウ糖（D-Glc）や果糖（D-Fru）など、自然界に豊富に存在する主要糖と比べると希少糖の存在量や生物分布は極めて狭いが、逆に種類ははるかに多い（**図3-11**）。表3-3に載せたものを除きすべてのL糖は希少糖であり、アルドヘキソースの主要3糖（D-Glc, D-Man, D-Gal）以外もすべて希少糖である。

　近年、希少糖の1つであるD-プシコース（D-Psi）の生理活性が注目されている。甘いものに目がない人は、つい過剰に糖質を摂取しやすい。生活習慣病の芽である（コラムⅢ）。希少糖普及協会HP記載の報告によると、

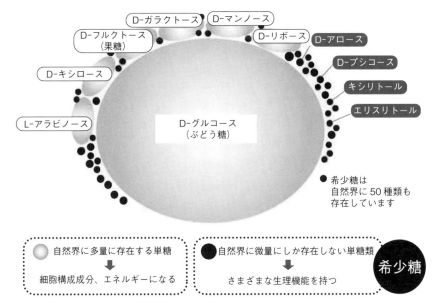

図 3-11　希少糖存在割合を示すイメージ図
出典：希少糖普及協会 HP[9]

2型糖尿病境界領域の被験者に 5 g の D-プシコースを加えた食事を与えたところ、同じ甘さをもつ人工甘味料（アスパルテーム）を加えた食事を与えた場合に比べ、食後血糖値の上昇抑制が見られたという[9]。

　ここで、注目すべきはプシコースの構造である。**図 3-12** に示すように、プシコースはフルクトースのエピマーであり（3位の水酸基の向きが逆）、このことから代謝系の酵素と何らかの相互作用をもつことが想定される。

　さて、この逆向き水酸基は2位のケト基の隣にある。すなわち、3-5節で述べたロブリー転位が起こりうる。プシコースを合成する酵素として利用されている D-タガトース 3-エピメラーゼ（注、D-タガトースに対する活性が最も高いため、この名があるが、D-フルクトースに作用させれば D-プシコースが生成する）の反応中間体は、直鎖型のフルクトースで、環状構造ではない。このことはプシコースが3-5節で述べたロブリー転位と同様の反応機構で生成していることを示す。

　果物の缶詰のシロップなどには比較的高濃度のプシコースが含まれるこ

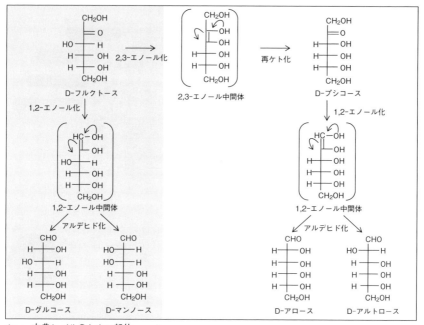

図 3-12 希少糖、プシコースとアロースの生成機構

D-フルクトースが 1, 2-位間でケト・エノール互変異性を介しグルコース、マンノースが生成したのが古典的ロブリー転位であるのに対し、2, 3-位間でケト・エノール互変異性が起こると D-プシコースが生成する。さらに、D-フルクトースから D-グルコースと D-マンノースが生成したのと同じ機構で、D-アロースと D-アルトロースが生成する。

とが、香川県産業技術センター等の研究でわかっている。香川県では何森健博士が発見した D-タガトース-3-エピメラーゼを起点とし、希少糖 D-プシコースの D-フルクトースからの実量生産に成功した。希少糖としての D-プシコースは自然界にはほとんど存在しないが、果糖（D-フルクトース）を含む加工食品にしばしば含まれるため、食経験のある化合物ということになる。

現在、プシコースは松谷化学工業㈱が大量生産を手がけ、プシコース精製品製造に向けた研究開発を行っている。

3-11　糖鎖の合成原理 - I

　前述した単糖の起源に関する仮説が正しいとしよう。ここで、浮上するのは糖鎖の起源に関する問題だ。単糖には還元力があり、アミン類とも容易に反応するので、生じたグルコースが遊離形で安定に存在する保証がない。生命の糖鎖利用という観点から、これは重要な問題である。グルコースがどのようにして安定に存在し、蓄積され、生命誕生を迎えたのか。

　生物は一般に図 3-13 に示すようなグリコシド形成を行う。すなわち、「ドナー（供与体）」（図の左側の単糖）と呼ばれる形で単糖を活性化し、これを「アクセプター（受容体）」（右側、単糖、オリゴ糖、アグリコンなど）に転移する。活性化ドナーは通常、糖ヌクレオチドの形態をとる。糖ヌクレオチドは各単糖のリン酸化物とヌクレオチド三リン酸（UTP、CTP、GTP）から形成される。ここで用いられる核酸塩基は単糖の種類によって異なる（表 3-4）。

　糖の転移反応を司るのが一連の糖転移酵素（glycosyltransferase）である。ヒトには約 200 種もの糖転移酵素が同定されている。多様な糖鎖構造を作り出すにはこれだけの数の酵素が必要なのだろう。糖転移酵素の特異性は非常に高く、とくにドナー基質を間違えて認識することはないとされる。

　図 3-13 で注目すべきは、ドナー単糖の反応中心であるヘミアセタール（アルドースの 1 位）をヌクレオチドとすることで、ヌクレオチド部分の脱離性を高め、アクセプターによる求核攻撃を容易にしている点である。

　糖鎖合成ではこの転移反応が逐次進行し糖鎖の伸長が起こる。これはヘミアセタールを反応起点とする糖鎖合成の基本戦略であり、すべての生物に共通する。

　しかし、そのような活性化機構が生命誕生以前に起こったのだろうか。糖鎖の起源を知るためにはグリコシドがどのように形成されたか、すなわち単糖の活性化をヌクレオチドなしでどのように達成したのかを探る必要がある。

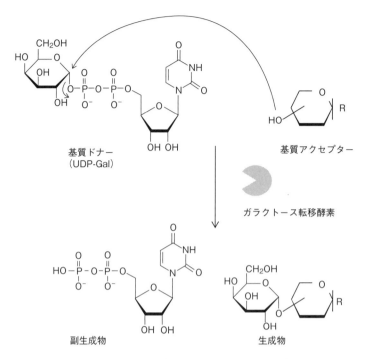

図 3-13 糖ヌクレオチドを介したグリコシドの形成機構（ガラクトース転移酵素を例に）

表 3-4 主要な糖ヌクレオチドと塩基の対応関係

UDP系	UDP-Glc, UDP-Gal, UDP-GalNAc, UDP-GlcNAc, UDP-GalNAc, UDP-GlcA, UDP-Xyl, UDP-Rha
GDP系	GDP-Man, GDP-Fuc
CMP系	CMP-Neu5Ac

✦ 3-12 グリコシドの起源

　糖ヌクレオチドは、それ自体高度な複合体であり、生命起源物質として単独生成するメカニズムを想定しにくいリボースを含む。著者は、糖ヌクレオチドによるドナー活性化は生命誕生後に創作されたシステムだと考えている。

例外的ではあるが糖ヌクレオチドを供与体としないケースがいくつかある（図3-14）。1つは、トレハロース（treharose）、もう1つはスクロース（sucrose）である。両者の構造に共通するのは、1）いずれもグルコース分子が活性化されていること、2）2つの糖のヘミアセタール基（ないしヘミケタール基）同士が結合した非還元糖という点だ。

トレハロースもスクロースも、一般的合成経路ではUDP-グルコースからつくられる。しかし、これら非還元二糖が糖ヌクレオチド以前に、グリコシド形成に用いられた可能性はある。ただ、そのためにはこれらが生物がつくる酵素非存在下に生成、蓄積するメカニズムを明らかにしなければならない。トレハロースやスクロースが効率的に生成する非生物的合成機構を原始地球環境に想定できないだろうか。

化学合成でグリコシド結合の形成を行う際、重要な点は、いかに立体選択的な反応を行うかであり、それが制御できないと、その後の分離精製が困難となり、大きな糖鎖の合成は不可能になる。立体制御によるグリコシル化反応の例を図3-15に示す。ここに見られるように、ドナーのヘミアセタールを活性化し、アクセプターによる求核攻撃を容易にする図式は、図3-13の生物学的戦略と同様である。

一方、糖は非水的な環境でアンヒドロ糖を生成することが知られている（図3-16）。たとえば1,6-アンヒドロ糖は2環構造をもつためピラノース

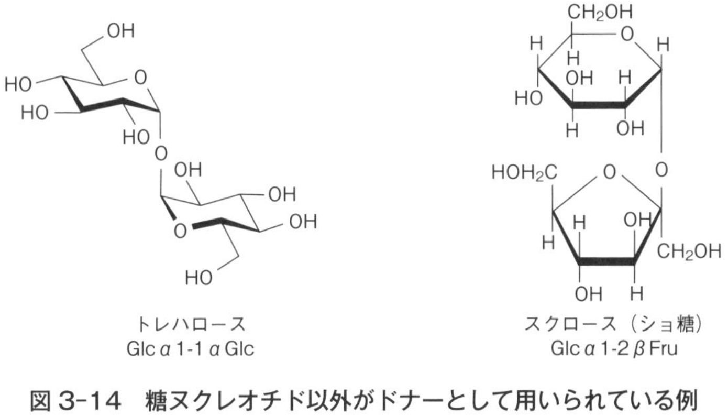

トレハロース
Glc α 1-1 α Glc

スクロース（ショ糖）
Glc α 1-2 β Fru

図3-14　糖ヌクレオチド以外がドナーとして用いられている例
トレハロースとスクロースはともにアノマー性水酸基同士が結びついてできた非還元性の二糖である。

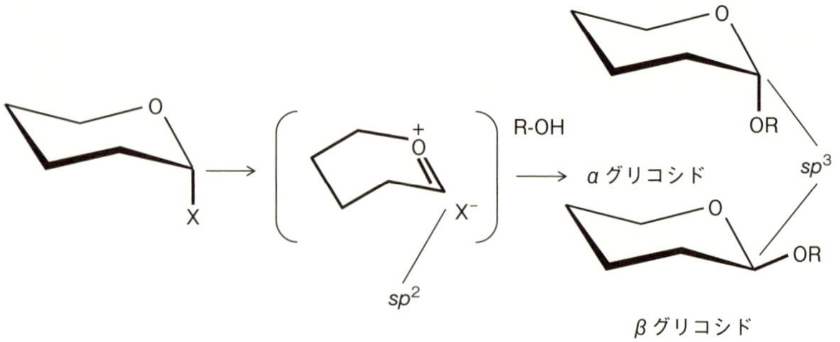

図 3-15　化学合成によるグリコシド結合の形成
反応の中心は1位アノマー炭素。ここを活性化し（中央の中間体）、水酸基を有するもう1つ別の糖が求核攻撃すると原理的に α グリコシドと β グリコシドの2つの異性体が生じる。化学合成によるグリコシド形成では、この立体選択的な反応が効率よく起こるよう工夫を凝らす。

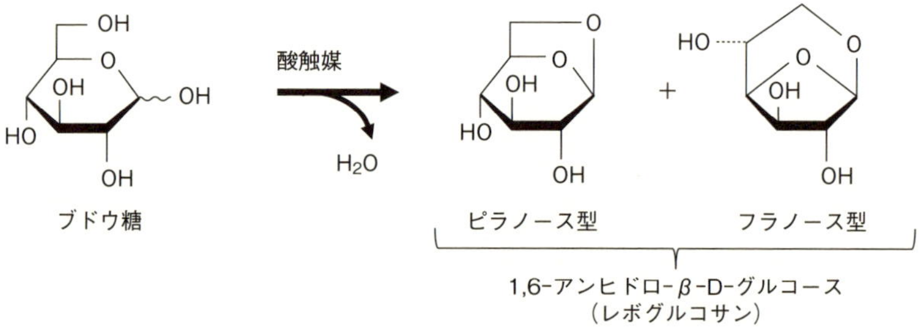

図 3-16　1, 6-アンヒドロ-β-D-グルコース（レボグルコサン）の生成機構
レボグルコサンはバイオマスの燃焼でも生じることが知られている。

構造にひずみが入り、不安定化している。1, 6-位間の結合はこのひずみを解消すべく、他分子と反応しやすく、他の糖の水酸基と反応すればグリコシドが形成される。

このようなアンヒドロ糖生成の環境が原始地球上で実現しえたかどうかが議論の鍵になる。それに加え、グリコシド結合の化学合成には選択性がない。α 1-2/3/4/6、β 1-2/3/4/6 と8種類もある結合様式のなかでただ1つが選ばれる理由を考えられるだろうか。グリコシドの起源を論じる材料はまだ不足している。

【コラムⅡ】 多糖の起源

　化学進化では、生物進化に適用される適者生存（survival of the fittest）の原理は重要でない。そこには無限に近い時間が存在するため、いかに効率よく繁栄するかではなく、目的物ができる道筋があるかどうか、そしてそれが安定的、一方向的に「蓄積」していけるかどうかがポイントとなる。多糖の起源の原料として最安定な単糖であるグルコース（D体かL体かは不問）を仮定してよいだろう。グルコースがグリコシド結合でつながればアミロース（α1-4グルカン）やセルロース（β1-4グルカン）が生成する。

　前節で述べたように、グリコシドの生成には化学合成でも生合成でも、1位のヘミアセタールを修飾し活性化する必要がある。しかし、糖転移酵素と異なり化学反応には一般に特異性がない。したがって、活性化したヘミアセタールが目的以外の水酸基と反応しないようにこれらの水酸基を「保護」することを化学進化で想定するのは難しい。

　何らかの仕組みによってセルロースのような極めて安定な構造（**コラムⅡ図1**）が生成するとしよう。そのような仕組みとして、たとえば前述の1,6-アンヒドロ糖が考えられないか（図3-16）。1,6-アンヒドロ糖はある脱水条件下で生成することが知られている。他の糖分子の水酸基と反応すればグリコシド結合が形成される。

　同じ結合が規則的に続き多糖になると、コラムⅡ図1のように別次元の構造体となる。水素結合のネットワークが「規則構造」として形成されるからだ。もし、セルロースのような水に不溶の多糖が生成すれば、生成物（不溶物）はグリコシド形成の平衡から離脱する。よって、このβ1-4結合の形成反応は加速度的に進行するだろう。

　小林一清博士によれば、セルロースは多糖としてはいわば完成品で、このような物性をもつ高分子体が進化初期に自律的に生成したとは考えにくいという。事実、セルロースの資化（注：エネルギー源として利用すること）は難しく、一部の微生物しか利用できない。これは、キチンや他の多

コラムⅡ 図1　アミロースとセルロースの構造

アミロースとセルロースの骨格構造は Glc α1-4Glc と Glc β1-4Glc であり、それぞれ α グルカンと β グルカンを代表するホモ多糖である。両者は異性体の関係にあるが、物性や生物学的利用性はまったく異なる。セルロースは分子内で水素結合ネットワークを形成するため、水の介在を許さない不溶性物質（繊維）となる。

糖と大きく異なる点だ。このことは、まだセルロースが生物進化の道筋で、微生物などにより十分揉まれつくされていない証拠といえなくもない。

一方、デンプンの主成分である α1-4 グルカン（アミロース）も安定ならせん構造をとることが知られている。日本酒の原料となる酒米の中心部分は「心白」と呼ばれるが、これはほぼ純粋なデンプンの結晶である（麹菌が繁殖しやすい隙間の大きな構造のため、光を反射して白く見える）。β グルカンと同様、α グルカンが原始地球に蓄積した可能性も否定できない。

同様に N-アセチルグルコサミン（GlcNAc）もセルロースと同様、不溶性の多糖キチン（GlcNAc β1-4）の成分である。ここで注目すべきは、すべてのバクテリアの細胞膜に存在する骨格構造・ペプチドグリカンが、キチンと同類だという点だ（**コラムⅡ図2**）。

ペプチドグリカンの主鎖である糖鎖部分は GlcNAc と MurNAc の共重合体（GlcNAc β1-4MurNAc β1-4）であるが、2残基ごとに GlcNAc の3位が乳酸と結合し N-アセチルムラミン酸（MurNAc）となっている。ここで乳酸は、キチンと L-アラニンのつなぎ役といえる。しかし、乳酸が特異的に GlcNAc と非酵素的に反応するとは考えにくい。ペプチドグリカンの糖鎖部分を4アミノ酸からなるペプチドによって架橋する必要が生じ、細菌の祖先が乳酸付加する酵素を進化させたのかもしれない。とすると、その前身としてキチンが存在していたことになる。

ところで、すべての真核生物に共通する N グリカンの根元はなぜキトビオース構造なのだろう（図3-3）。糖鎖は小胞体で付加されるが、糖鎖の起源は分泌現象と深く関わっていると考えられる。最初の生物である祖

先型細菌が、原始代謝系を創出した際、タンパク質の分解で生じるアンモニアの解毒の必要性に迫られたはず、と説くのは白井浩子博士である。その際、解毒剤として用いられたのがグルコースとは考えられないだろうか。さらに生じたグルコサミンにはご丁寧にアセチル基で蓋までされている。こうなってはアンモニアの毒性は完全に封じられる。

祖先型細菌がどのようにしてグルコサミン、さらに N-アセチルグルコサミンを合成したのかはわからない。現在の生物ではグルコサミンは、ヘキソサミン生合成経路の第一段階として、グルコサミン6-リン酸デアミナーゼによって作られるが、グルコサミンはすべての窒素含有糖の前駆体でもある（**コラムⅡ図3**）。

キチンを原始生命体（祖先型細菌）の細胞壁骨格に選んだことと、N グ

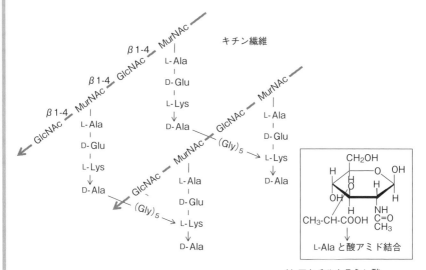

コラムⅡ 図2　バクテリアに共通するペプチドグリカンの骨格構造

バクテリアの種類によって構造は多少異なるが、N-アセチルグルコサミン（GlcNAc）と N-アセチルムラミン酸（MurNAc）のくり返しでできる主鎖に、D アミノ酸を含むテトラペプチドを介し架橋形成が起こる点はすべての細菌に共通する。N-アセチルムラミン酸は N-アセチルグルコサミンの3位に乳酸がエーテル結合したものであり、このため、ペプチドグリカンの主鎖はキチンの誘導体といえる。太矢印は糖鎖の還元末端から非還元末端への方向を、細矢印はペプチド鎖の N 末端から C 末端への方向を表す。

リカン含有糖タンパク質の分泌機構との間には、まだ明かされていない密接な関係があるのかもしれない。

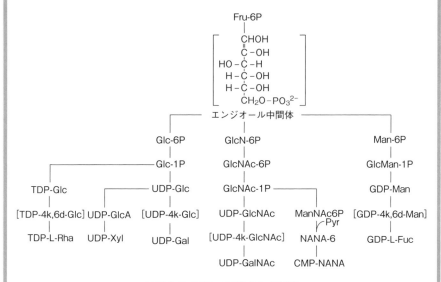

コラムⅡ 図3 単糖の合成経路

フルクトース-6-リン酸（Fru-6P）を出発して派生する単糖の合成経路を示す。経路はエンジオール中間体を分岐点としてグルコース系（左）、マンノース系（右）、窒素含糖（中央）に3分される。グルコース系はさらに4-ケト, 6デオキシ中間体（TDP-4k,6d-Glc）を経てデオキシ糖ラムノース（Rha）、グルクロン酸（GlcA）を経てキシロース（Xyl）、4-ケト中間体（UDP-4k-Glc）を経てガラクトース（Gal）へと転換する。マンノース系からはデオキシ糖フコース（Fuc）が生成する。窒素含糖からは N-アセチルグルコサミン（GlcNAc）、さらに 4-ケト中間体（UDP-4k-GlcNAc）を経て N-アセチルガラクトサミン（GalNAc）が、また、N-アセチルマンノサミンへの異性化後、ピルビン酸（Pyr）と縮合して N-アセチルノイラミン酸（NANA）へと転換する。

第4章

糖鎖の機能と利用

❖ 4-1　糖鎖の合成原理 - Ⅱ

　Nグリカンの生合成は「$Glc_3Man_9GlcNAc_2$」という大きな糖鎖前駆体分子から始まる。この前駆体のタンパク質への転移は、オリゴ糖転移酵素（OST, oligosaccharyltransferase）という酵素複合体が仲介する。

　OSTは生合成途中のペプチド鎖上にある「Asn-X-Ser/Thr」（1番目のアミノ酸はかならずアスパラギン、2番目はプロリン以外、3番目はセリン、またはトレオニン）というコンセンサス配列を認識し、その中のアスパラギン側鎖（$-CO-NH_2$）に、$Glc_3Man_9GlcNAc_2$を転移する。ここで注目すべき点は糖鎖が丸ごと転移（*en block* transfer）される点だ。

　OSTによる前駆体丸ごとの転移反応はすべての真核生物に共通するが、共通前駆体の転移後は生物種によって多様化する。たとえば、ヒトを含む脊椎動物ではさらに3つのタイプの糖鎖構造ができあがる（図3-3）。

　第一のタイプは前駆体の構造から直接派生した「高マンノース型」構造である。これは前駆体からGlcとManが逐次削られていく過程でできる。第二は「混成型」（あるいはハイブリッド型）と呼ばれる。これは一番根元に近い位置にあるMan（これだけβアノマーであるためβマンノースとも呼ばれる）から枝分かれした2つの分岐鎖（α1-3鎖、α1-6鎖）のうち、α1-3鎖だけが質的な構造変遷を受けGlcNAcをもつようになった構造である。α1-6鎖の方は「高マンノース型」のままなのでこの名がある。

　最後が「複合型」。α1-3鎖ばかりでなくα1-6鎖もGlcNAcを含む構造のものだ。複合型は複数のGlcNAc転移酵素による「分岐」を起点として、さらにガラクトース、シアル酸、フコースといった修飾を施す。その結果、

結合異性や位置異性を含む多様性が生じる。

末端シアル酸は α2-3 結合と α2-6 結合のいずれかでガラクトースに結合する。この差はインフルエンザによる感染特異性を決定づける要因として知られる（図 4-1）。シアル酸やフコース修飾は発生、分化、免疫、がん化などさまざまな生命現象と密接に関わる。

❖ 4-2　N グリカン生合成の妙

N グリカンの生合成は一見無駄とも思える手続きを踏む。共通前駆体からの刈り込み（プロセシング）を行い複合型へ移行するが、これはなぜだろうか（図 3-3）。大半の血清タンパク質には糖鎖がついているが、その末端にはシアル酸が結合していることが多い。後述するが、シアル酸が外

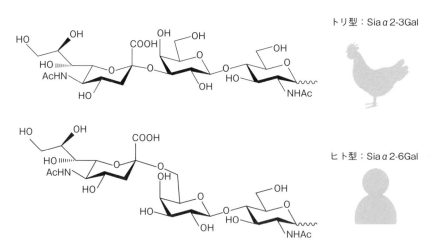

図 4-1　インフルエンザウイルスが認識するシアロ糖鎖

インフルエンザウイルスはウイルス粒子の表面にシアロ糖鎖の認識に直接かかわるヘマグルチニン（レクチン）が露出している。トリへの感染の際には腸管上皮に多い α2-3 型のシアロ糖鎖により強く結合するが、ヒトへの感染力を獲得したウイルスでは、ヘマグルチニンの特異性が α2-3 型から α2-6 型に変異している。インフルエンザウイルスの感染にはヘマグルチニン（H）のほかにシアロ糖鎖からシアル酸を除去する分解酵素、ノイラミニダーゼ（N）が関わり、両者の組み合わせが抗原性を決定している。たとえば、パンデミックを引き起こした強毒性の新型ウイルスは H5N1 と分類される。

れると、ガラクトースを認識するレクチン分子（受容体）が肝臓で速やかに糖タンパク質を取り込む。なぜ、最初からガラクトースやシアル酸が付加した形で転移しないのか。あるいは共通前駆体など使わず、マンノースが3つだけの形で転移を行った方が、効率がよさそうなものだ。生物進化の道程は謎に満ちている。

　これには2つの理由が考えられる。第1に、「古い仕組みは非効率的だから取り換えよう」と後になって思っても、すでにさまざまな仕組みが絡み合ってしまっていて、いまさら取り除くと他の重要なシステムに破綻をきたす危険性があるからだ。第2は、プロセシングを受けるそれぞれの過程で糖鎖がもつ役割が異なるという理由だ。以下、第2の点について少し詳しく説明しよう。

　共通の前駆体はまず高マンノース型と呼ばれる糖鎖の形をタンパク質に付与すると述べた。これは主に小胞体内腔で起こるが、高マンノース型糖鎖をもったタンパク質はカルネキシン・カルレティキュリン（L型レクチンの一種、7-4節）と呼ばれるシャペロンタンパク質によって品質チェックを受ける。

　もし、タンパク質の折りたたみ方が正しくない場合、カルネキシンは糖鎖を介してこの欠陥を感知する。そして再度ポリペプチド鎖の巻きなおしを行う。タンパク質分子の更生である。このときカルネキシン・カルレティキュリンが認識する構造は、高マンノース型構造に1つだけグルコースが付いた構造である（図3-3）。

　さらに残りのグルコースが除かれ、9つあったマンノースが1つだけ除かれると、いわゆるM8構造が生成する。このとき、タンパク質が正しく折りたたまれていないともはや更生は手遅れで、細胞は不良タンパク質の取り壊しにかかる。このときEDEM（ER degradation enhancing α-mannosidase-like protein）と呼ばれるレクチン分子がM8構造に結合し、M5〜M7構造に変化させこれを分解装置に導く。

　一方、タンパク質の折りたたみに成功した糖タンパク質は小胞体からゴルジ装置へと移送される。このときの移送にもレクチン様タンパク質（ERGIC-53やVIP36など）が働き、M8型の高マンノース構造を特異的

に認識する。

　ゴルジ装置へと送り出されると、マンノース残基が刈り込まれやがてM5構造が生成する。このM5構造は複合型構造の第一歩であるN-アセチルグルコサミン転移酵素-I（GnT-I）の基質だ。その後、さらにマンノースが刈りこまれ、最後の3個だけになるとGnT-IIという2番目の枝をつくる基幹酵素が働く。各N-アセチルグルコサミン（GlcNAc）にはガラクトース転移酵素によってガラクトースが転移され、さらにシアル酸が付加され、成熟した複合型糖鎖が出来上がる。哺乳動物の細胞では、最終的に細胞外に分泌される糖タンパク質の多くは末端にシアル酸をもつ。

　実際、血清中の糖タンパク質の多くはシアロ糖鎖をもっていて、血中を循環している。しかし、シアル酸の結合は化学的に弱く、特に酸による刺激ではずれやすい。シアル酸がはずれるとガラクトースが露出するが、これを肝臓にあるガラクトース受容体が取り込む。糖タンパク質の機能劣化や老化に対する徹底した品質管理だ。

　このようにして、シアル酸が外れ、ガラクトースが露出した糖タンパク質は、数分後に半減し、30分以内にはほとんどが血中から消失する（図4-2）。ただ、これは哺乳動物の場合で、肝臓の糖タンパク質取り込みに関与する受容体（肝レクチン）は、鳥類ではN-アセチルグルコサミンに対する特異性をもち、ガラクトースを認識しない。

　ニワトリの血清糖タンパク質は、シアル酸除去後でも、ガラクトース末端のタンパク質が長時間血中に存在する。しかし、ガラクトースを除去する酵素（ガラクトシダーゼ）が働くと、肝臓に取り込まれ血中から回収される。

　哺乳類と鳥類の肝レクチンは、ともにC型レクチン家系（7-2節）に属する。にもかかわらず、両者の特異性は異なっており、その結果血清糖タンパク質の代謝の様相も異なる。糖タンパク質の合成と分解（代謝）に関わる謎にはレクチンを介した糖鎖の認識が深く関わっているのだ。

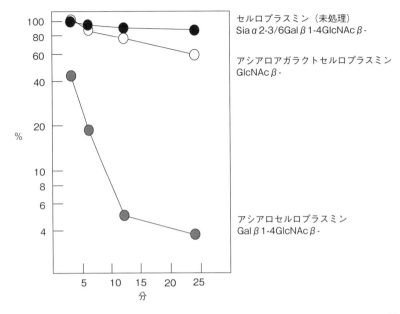

図4-2 結成糖タンパク質、セルロプラスミンの血中からの取り込みに対する糖鎖構造の影響

出典：A. G. Morell ら（1968）*J Biol Chem* [1] を元に作成。

❖ 4-3 細胞ごとに異なる糖鎖プロファイル： 糖鎖は細胞の顔

　糖鎖は「細胞の顔」といわれる。遺伝情報はすべての細胞に共通だが、すべての遺伝子が活性化されているわけではない。実際には一部の遺伝子が転写されmRNAを合成し、その指令に従ってタンパク質が合成される。その結果細胞ごとのタンパク質のプロファイル（プロテオーム）が異なってくる。ヒトの遺伝子（約2万種類）のほぼ1％が糖鎖合成に関する遺伝子だが、そのさらに一部が各細胞で発現している。

　細胞の種類が同じであっても、その生育環境が異なると、糖鎖遺伝子の発現にも影響が及ぶ。これが基本的な糖鎖構造の変動要因だ。また、糖転移酵素の発現は同じでも、それらがすべてのタンパク質に対し、同じ効率で糖鎖構造を付与するわけでもない。

同様に、同一のタンパク質に複数の糖鎖付加位置があった場合でも、同じ構造の糖鎖が合成されるとは限らない。付加部位ごとに糖鎖構造が異なる例が報告されている。糖転移酵素は細胞内小器官である小胞体、ないしゴルジ体の膜タンパク質として、これら小胞の内腔側に触媒部位を向けた形で存在する。その結果、実際の糖転移反応には様々な制約がかかると予想される。

　また、糖鎖の生合成は逐次的に進行する。したがって、ある段階のアクセプター基質に対し、複数の転移酵素が競合するケースもある。微妙な糖鎖遺伝子の発現の相違や付加位置ごとの転移効率の差も、最終的には大きな構造プロファイルの差をもたらす。

　今日、抗体医薬などのバイオ医薬品はCHO細胞（チャイニーズハムスター卵巣由来の細胞）で生産されることが多い。しかし、培養条件（温度、pH、培地組成）によって糖鎖構造が変化することが知られており、バイオ医薬品製造の品質管理上、大きな問題となっている。

　タンパク質構造は遺伝子によって基本的に固定されるが、そこに付加する糖鎖構造は、細胞の種類、生育環境によって大きく変動する。このことは、糖鎖研究者にとっては常識なのだが、広く知られていない。糖鎖構造の変動原理を図4-3にまとめる。

❖ 4-4　異種抗原

　生物が異なればゲノムも異なるため、糖鎖合成に関連する遺伝子も異なる（図4-4）。このように、生物種の差に基づく糖鎖抗原を異種抗原と呼ぶ。そのことが原因で、重篤な疾患を引き落とすこともある。その代表が、異種移植で問題となるαGal抗原（エピトープとも）である。

　異種移植はヒトの臓器疾患に対し行われる治療法で、ヒトの臓器の代替品としてミニブタなど動物由来の臓器が用いられる。この抗原（Galα1-3Gal）を合成する鍵酵素、α1-3Gal転移酵素は多くの哺乳類に存在するが、ヒトを含む霊長類では遺伝子変異によって酵素活性が失われている。このため、異種移植を行うと最悪の場合、超急性拒絶反応を発症し、

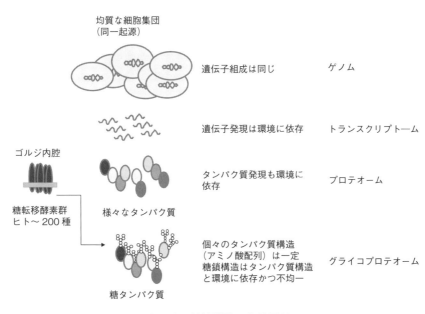

図 4-3　糖鎖構造の変動原理
ゲノム、プロテオーム、グライコプロテオームの各階層レベルで糖鎖構造がいかにして変動しうるかを整理した。

移植患者は移植後数時間以内に命を落とす。

　不思議なことは、移植患者がこの異種抗原（移植片）に接触したことがないにも関わらず、超急性拒絶が引き起こされることだ。つまり、我々の血清には、かなりの頻度で高濃度の抗αGal抗体がすでに存在するということになる。

　同様なケースはABO式血液型抗原に対する自然抗体だ（**図 4-5**）。ABO式血液型抗原は異種抗原ではないが、血液型の異なる人同士で輸血を行うと、異種抗原と同様、拒絶反応が起こり最悪の場合死に至る。このことはよく知られているが、なぜ、はじめから他人の血液型抗原に対する抗体が用意されているのか。

　この疑問に答える鍵となるのが、共生微生物がもつ糖鎖抗原だ。我々の体内には100兆ともいわれる数の細菌が潜み、腸内では細菌叢を形成する。病原性微生物をはじめとする絶え間ない侵入者に対する我々人類の防御力

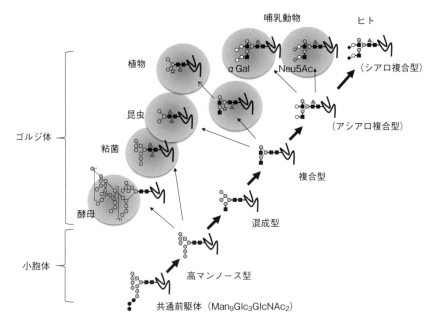

図 4-4 哺乳動物における N グリカン生合成のあらましと異種抗原

すべての真核生物では共通の前駆体（$Man_9Glc_3GlcNAc_2$）から N グリカンの生合成がはじまり、小胞体におけるプロセッシングを経た後ゴルジ体で生物種特有の糖転移反応を受ける。その結果、酵母、粘菌、昆虫、植物の糖鎖にはヒトには存在しないさまざまな異種抗原が生成する。同じ哺乳動物であっても CHO 細胞など、多くの動物由来細胞ではヒトに存在しない α Gal 抗原やグリコリル型シアル酸（Neu5Gc）を生産する働きがあり、これらも異種抗原となる。ヒト型糖鎖をもつ糖タンパク質の生産のためには、これらの原因遺伝子を制御したり、糖タンパク質生産後、有害な糖鎖抗原を除去したりする必要がある。

出典：平林淳（2012）、「糖タンパク質医薬品生産における課題と展望」、『バイオ／抗体医薬品の開発・製造プロセス―開発・解析・毒性・臨床・申請・製造・特許・市場』情報機構[2]

は必ずしも完璧ではない。ヒトを含む高等生物と病原菌の長い抗争の歴史は、互いが共倒れしない方向を探ってきたという[6]。その記憶が抗糖鎖抗体をあらかじめ体内に蓄積させるのではないだろうか。

　もう 1 つの異種抗原としてシアル酸の一種、N-グリコリル型（Neu5Gc）がある。シアル酸には多くの分子種が存在するが、代表的なのが N-アセチルノイラミン酸（Neu5Ac）である。Neu5Gc は Neu5Ac における 5-N-アセチル基（-NH-CO-CH$_3$）が 5-N-グリコリル基（-NH-CO-CH$_2$OH）へと酸化されることで生じるが、この酸化反応を触媒する CMP-Neu5Ac

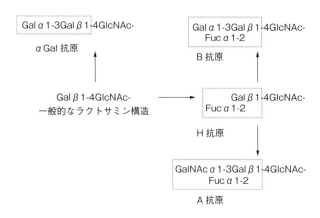

図 4-5　糖鎖抗原と自然抗体

αGal 抗原はヒトがもたない糖鎖抗原で基本的にすべての個人に対し免疫原性がある。ABO 式抗原は代表的な血液型抗原の一種で、個人によって赤血球などの細胞上に提示する抗原が異なる。A 型は A 抗原、B 型は B 抗原、AB 型はその両方を、また O 型は両方を欠く。O 型の人がもつ H 抗原は A、B それぞれの抗原の前駆体であり、特殊な遺伝形質であるボンベイ型の人（H 抗原を合成するフコース転移酵素を遺伝的に欠く。インドのボンベイで見つかったのでこの名前がある。その頻度は 100 万人に約 1 人と言われる）では O 型の人の赤血球でさえ抗原性をもつ。

水酸化酵素（CMAH）という酵素が、ヒトには欠けている（図 4-6）。

　Neu5Gc は感染との関連が指摘されている。ヒトではチンパンジーとの分岐後、CMAH 遺伝子上に起きたエクソンの欠損によりフレームシフト（注：遺伝子の読み枠がずれ別のアミノ酸配列に変わってしまうこと）が発生し、活性のある酵素が合成されないことがわかっている。家畜を飼うようになった我々の祖先に起こったこの遺伝子変異が、ひょっとすると家畜を介した病原菌感染（Neu5Gc を標的とする）から逃れるのに貢献したのかもしれない。

　Neu5Gc はヒトが本来もたない構造なので免疫原性を有する。牛や豚で生産された糖タンパク質にはしばしばこの Neu5Gc が含まれている。このため、異種生物由来の細胞を用いてバイオ医薬品を生産する場合には、Neu5Gc の混入が問題となる。

　Neu5Gc にはさらに奇妙な点がある。我々がシアル酸を含む牛や豚の肉（とくに赤肉）を摂取すると、一部の Neu5Gc が体内に取り込まれるという点だ。そして Neu5Gc が糖タンパク質糖鎖の材料として再利用されると

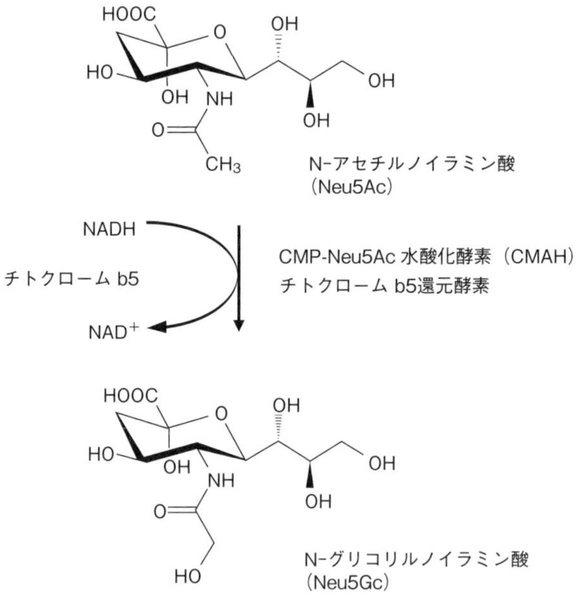

図 4-6　CMP-Neu5Ac ヒドロキシラーゼ（CMAH）による Neu5Ac から Neu5Gc への変換

出典：http://www.glycoforum.gr.jp/science/word/glycolipid/GL-A04J.html [3)] を参考に作成

いう。その結果、Neu5Gc に対する抗体が産生されれば、Neu5Gc を含む「自己抗原」を攻撃するかもしれない。

　Neu5Ac と Neu5Gc はわずか酸素 1 原子の違いである。シアル酸関連の酵素が両者を区別できず、Neu5Gc を含む糖タンパク質や糖脂質を合成してもおかしくない。しかし、そのような微小な差が本当に重篤な免疫反応を引き起こす抗体産生を促すのだろうか。今後慎重に見極めていかなければならない問題だ。

❖ 4-5　なぜ糖鎖はバイオマーカーとして有効なのか

　かつてバイオマーカー開発ではタンパク質の量的な変化を追跡した。21世紀以降になると、細胞の状態差を知るためバイオマーカー探索が始まった。細胞の発生や分化に応じたタンパク質と糖鎖の両方を合わせて解析す

るグライコプロテオミクスだ。これはがん細胞の認識に威力を発揮する（4-7節）。

　がん診断において、バイオマーカー計測は血清成分を対象にして行われることが多い。細胞診では、がん細胞の疑いのある細胞やその悪性度やがんの種類を侵襲的に採取して病理学的に精査する。また、必要に応じて細胞表面のマーカーを調べることもある。患者に対する負担などを考えると、採血、採尿などで容易に得られる体液を用い診断するのが望ましい。

　そういう意味で糖鎖を含む糖タンパク質は格好の診断材料となる。糖類が分泌と深く関っているからだ。以下、バイオマーカーとして血清糖タンパク質が有用である理由をまとめてみよう。

1) 糖タンパク質は非侵襲的に得られる血液や尿、唾液など、分泌物に大量に含まれる。逆に細胞質に含まれるタンパク質は、細胞が炎症などで破壊されない限り分泌（細胞外露出）しないので、有用なバイオマーカーとはならない。
2) 糖鎖構造は細胞の種類・状態（環境）に応じて変化するため、タンパク質構造が完全に同一でも、糖鎖構造の変化を追跡することで、確度の高いバイオマーカーとなる。

　一方、以下のような事柄も考慮すべきである。

1) 血清中にはおびただしい数のタンパク質（多くが糖タンパク質）が含まれ、そのなかに占める病巣由来の糖タンパク質はほんのわずかである。いかに邪魔な他の血中成分を取り除く（depletion）か、あるいは、標的糖タンパク質を含む画分を濃縮（enrichment）するかが肝心である。
2) 標的糖タンパク質の同定にはあらゆる手段を講じる。プロテオミクスが有力だが、糖タンパク質に対し有効性が限定される場合があるので注意を要する。既存の抗体が用意できる場合はこれを活用する。さまざまな文献情報やデータベースからも、標的の関与の可能性を精査する。
3) 標的糖タンパク質を実際に診断系に落とし込む際には、検出感度、特

異度を上げる工夫をする必要がある。タンパク質部分の認識には一般に抗体が有効であるが、糖鎖に対しては抗体が機能しないケースが多い。この場合はレクチンを動員し、レクチン・糖鎖間で起こるクラスター効果を想定し、診断の系を組む。
4) 上記診断系（レクチン─抗体 ELISA など）で用いるレクチンが糖タンパク質である場合は、注意を要する。後述するように、今後レクチン開発はリコンビナントにシフトしつつある。大腸菌で発現可能なレクチンであれば、糖鎖が系に干渉する危険性がない。

4-6　プロテオミクスの躓き

　糖鎖の機能の実態を握っているのはタンパク質である。糖鎖に統一的な機能（役割）がないようにみえるのはこのためである。逆にいうとタンパク質の運命（溶解性、行き先、体内動態、安定性、パートナーとの接触など）を左右しているのが糖鎖なのだ。井上康男博士は、そのことを糖鎖によるタンパク質機能の「fine tuning」と呼んだ。タンパク質（プロテオミクス）だけでもダメ、糖鎖（グライコミクス）だけでもダメ、両方を一緒に把握してこそ真実がみえるのである。

　20世紀末に多細胞生物のゲノムが解読され、今ではタンパク質の構造解析はゲノム情報へのアクセスが常識だ。初期のプロテオミクスは、O'Farrel（オファーレル）の2次元電気泳動をベースにタンパク質を分離し、それを片っ端から質量分析装置にかけ、タンパク質を同定するというものだ。その後、スループットの低い電気泳動はLC-MS（液体クロマトグラフィーと質量分析を組み合わせた高性能タンパク質分離・同定システム）にとってかわるが、ゲノムデータベースへの照合で障害になるのが翻訳後修飾である（図 4-7）。

　ゲノム情報には翻訳後修飾の事実まで記載されていないため、そこでタンパク質同定作業がストップしてしまう。リン酸化は代表的な翻訳後修飾だが、付加される位置（セリン、トレオニン、チロシンなどの水酸基）も構造（リン酸、$-PO_3H_2$）もわかりやすい。

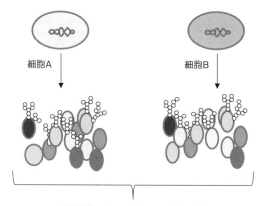

図 4-7 プロテオミクス解析で見過ごしがちな糖鎖変化の追跡

プロテオミクスでは基本的にゲノムデータベースとの照合を通して分離されたペプチドの遺伝子同定を行う。このため、糖鎖付加などの翻訳後修飾があるとこの照合作業が妨げられる。標的タンパク質上の糖鎖変化が重要な診断上のメッセージを持っていても、裸のタンパク質の解析だけではその意味をとらえることはできない。これが、過去のプロテオミクス研究が有効なバイオマーカーを見いだせなかった原因と考えられる。

　最大の問題は糖鎖修飾である。N グリカンでは潜在的な付加位置（Asn-X-Ser/Thr）は示せても、実際に糖鎖付加が起こっているかどうかはわからない。付加する糖鎖構造は複雑かつ不均一で、かつ付加位置ごとに同じという保証もない。O グリカンのコンセンサス配列はいまだに確立していない。これは ppGalNAc-T（ポリペプチド GalNAc 転移酵素）というポリペプチド鎖上のセリン/トレオニン残基に、GalNAc を付加する酵素が 20 前後もあることと関連する。さらに O グリカンが密集してクラスター構造をつくるムチンでは、糖鎖構造の不均一性に加え、各糖鎖付加位置への付加の有無が著しく不均一になる。また、これら糖鎖が密集する部分ではトリプシンなどのプロテアーゼに対し高い抵抗性がある。

　その結果、高性能のプロテオミクス解析装置も糖タンパク質には歯が立たない。同定できる単純タンパク質だけを追って何とか結果を出そうとす

るがなかなか難しい。バイオマーカーは、分泌タンパク質（アルブミンを除くほとんどが糖タンパク質）であるため、糖鎖を含むことを忘れてはならない。タンパク質の解析に革新的な方法論を提供したプロテオミクスが、有効なバイオマーカーの開発に至らなかった要因はここにある。

❖ 4-7　グライコプロテオミクス：糖鎖とタンパク質を一体として捉える

　グライコプロテオミクスによるがんマーカー探索を想定し、それを推進するために理解しておかなければならないことがらを具体的に述べる。まず、糖タンパク質バイオマーカーの質と量を、血清マーカーを例に考えてみよう。

　血中に分泌されるタンパク質は全身の臓器を起源とするが、その大半が肝臓である。肝臓で大量に合成されるアルブミンには糖鎖がついていない。他にも多くの糖タンパク質が肝臓で合成、分泌される。両者を区別しなければならない。

　がんなどの病巣は正常組織の中の一部にすぎない。病巣由来の糖タンパク質の血清中における割合はかなり低い。肝細胞がんの場合を考えると、早期がんであれば、全肝臓の1/100以下であるため、血中に占める割合は1/200程度になる。これを標的として見定めなければならない。肝臓のがん細胞が分泌する糖タンパク質のうち、がんによる糖鎖変化を表出しているある糖タンパク質があるとしよう。この糖タンパク質は、1) 同じ肝臓だが正常部位由来のもの【糖鎖が異なる】、2) 肝臓以外の組織由来のもの【糖鎖が異なる】と区別できなければならない。そのような糖タンパク質を見つけるのは相当難しい（図4-8）。

　問題は方法論である。タンパク質上に起こる糖鎖変化をとらえるための具体的ストラテジー（方法）と用いるツール（装置、システム）の選択だ。標的糖タンパク質がすでに設定されていれば、抗体ビーズなどを用いて精製、ないしエンリッチ後、糖鎖構造の変化を物理化学的（糖鎖切断後に蛍光色素などで標識、分離後LC、MSで解析）、ないし生物学的方法（レク

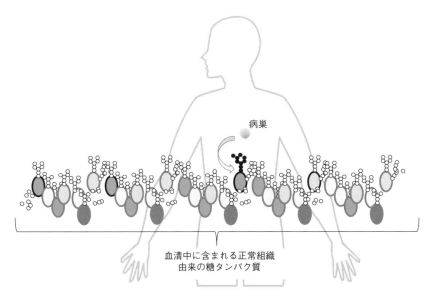

図 4-8　グライコプロテオミクス戦略によって疾患関連糖鎖バイオマーカーを絞り込むイメージ図

肝臓をはじめ、血中にはさまざまな臓器に由来する分泌タンパク質が含まれるが、その多くは糖鎖修飾がなされている。このうち、がんなど疾患と関連したマーカー糖タンパク質は、正常組織と識別可能な糖鎖構造をもたなければならない。

チンや抗糖鎖抗体をプローブとするウエスタンブロット解析)で解析する。今まで開発されたバイオマーカーがあれば、糖鎖構造変異に着目して改良する余地があるだろう。

4-8　がんの早期診断を目指して：国家プロジェクト「糖鎖マーカー開発」発進！

　グライコプロテオミクスの概念に基づき、がんなどの疾患に対する有効なバイオマーカーを開発することを主たる目的とした国家プロジェクト「糖鎖機能活用技術開発（Medical Glycomics Project：通称 MG プロジェクト、平成 18 年度～平成 22 年度）」が、NEDO（現、国立研究開発法人新エネルギー・産業技術総合開発機構）によって推進された。

当時、MG プロジェクトが取り組んだ重要テーマとしては、1) がん、2) 免疫、3) 再生、4) 感染の 4 つがあった。これらの重要テーマに対し、前年までに経産省関連 NEDO プロジェクトでは、すでに糖鎖基盤技術を準備していた。詳しくは上記プロジェクトで中心的な役割を果たした成松久博士の総説に書かれているので、ここではがんマーカー開発のエッセンスだけを記すことにする（**図 4-9**）。

1) 解析試料の選択：パラフィン包埋ホルマリン固定化した病理切片（病巣部と正常部位を比較解析）、各種培養細胞株など。
2) 糖鎖関連遺伝子発現情報：培養細胞株に対してリアルタイム PCR などによって糖鎖関連遺伝子の発現解析を行うことで、あらかじめどのような糖鎖構造が発現していそうか、予測を立てる。
3) 比較糖鎖プロファイリング：レクチンマイクロアレイなどを用い、比較解析する生体試料の糖鎖プロファイル解析を行う。解析の結果、がん部で高値を示し、非がん部で低値を示すような最適なレクチンプローブを選定する。
4) 上で選んだレクチンを固定化したアフィニティー吸着体などを用い、

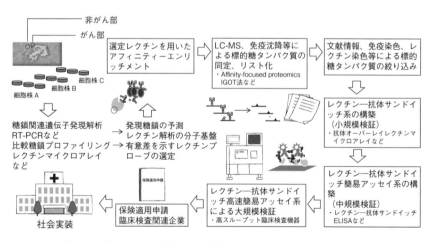

図 4-9　MG プロジェクトで推進した糖鎖バイオマーカー開発の基本ストラテジー
出典：成松久（2012）*Synthesiology*, [7] を元に作成

がん部生体試料抽出液から糖タンパク質をエンリッチする。
5) LC-MS、特異抗体を用いた免疫沈降、ウエスタン解析などによって標的糖タンパク質候補を同定する。プロテオミクス解析においては、梶裕之博士らの開発したIGOT法など、糖鎖修飾に適した手法を用いる。
6) 標的候補糖タンパク質の精査：文献情報、各種データベースの解析、ならびに入手可能な抗体、選択に用いたレクチンを用いた組織染色等を駆使して、上記リストからもっとも確からしい標的タンパク質を絞り込む（数個程度）。
7) 小規模解析による検証：レクチンマイクロアレイの応用である抗体オーバーレイ法などによって、レクチンと標的糖タンパク質に対する抗体のサンドイッチ検出系がうまく機能するかどうかを、まず小規模解析（数10検体程度）で確認する。
8) 中規模解析による検証：最適化されたレクチン—抗体の組み合わせによる簡易迅速アッセイ系に落とし込み、中規模（100検体程度）で標的癌マーカーの有効性について解析、検証し、統計学的な評価を行う。
9) 臨床検査機関や診断メーカーと連携し、より大規模な診断系としての評価検証を行う。様々な診断薬に対応した迅速装置に取り込むことが理想。
10) 規制当局への保険適用申請
11) 社会実装：病院等臨床機関における診断システムの導入

　MGプロジェクト終了後、MGストラテジーはその正しさが証明され、肝内胆管がん、肝線維化、肝細胞がん、卵巣がんなどで有効なバイオマーカー開発が進められた。とくに、肝線維化（liver fibrosis）マーカー、Mac2BPGiについては、シスメックス社㈱が迅速解析装置、HISCLに搭載させて実用化し、2014年に保険収載された（8-4節）。
　肝線維化は肝炎ウイルスによる長期潜伏期を経て、慢性的に進行する病状で、線維化が進行するに従い、肝硬変という線維化の最終段階を経た後、肝細胞がんを発症するという恐ろしい病気である。とくに、アジア（中国、モンゴルなど）で罹患率が高い。

従来、肝炎ウイルスの感染患者は毎年のように検査入院する必要があり、患者への負担が大きかった。糖鎖の解析技術が、新たな概念に基づく診断マーカーの開発を成し遂げたことの意義は大きい。

4-9　糖鎖創薬：概論

バイオ医薬品は今後成長の見込まれる分野である。すでに、2011年問題と呼ばれる特許切れ問題が発生し、先発バイオ医薬品の後続品（いわゆるバイオシミラー）問題が顕在化している。バイオシミラーとは先行品バイオ医薬品の特許が切れ、その後発品として認可されるものである。非バイオ医薬品に対するジェネリック医薬品と同様のものだ。

しかし、低分子医薬品のジェネリックとは大きく異なり、バイオ医薬品は構造も製造法も複雑であり、CHOなどの動物細胞で生産するため、先行品と化学的に同一のものは作れない。当局もこの困難性を理解しており、現在では新薬開発に実績のある三極（米国、欧州、日本）がバイオ医薬品の製造開発に関し、積極的に議論している。

バイオ医薬品のほとんどが糖タンパク質だが、このことはあまり知られていない。しかし、抗体やタンパク性ホルモンなど、バイオ医薬品のほぼすべてが分泌タンパク質であることを考えれば、このことは自明である。バイオシミラーはいかにして先行品と「同じようなもの」を作り、その薬効、安全性を担保するかが重要だ。

本節、およびそれに続く後節では、今後、患者（最終ユーザー）を含め、産業界（製薬メーカーや周辺産業にかかわるすべての業種）と原理開発者（アカデミアや企業における研究開発者）が、一致団結して進めるべきバイオ医薬品の研究課題について述べる。その鍵となるのは糖鎖だ。

糖鎖は難しくて重要だ。だからこそ糖鎖研究の成果は大きい。糖鎖は生命と切っても切り離せない仲だ。しかし、糖鎖は遺伝子の直接の産物でない。そのことが糖鎖の理解を難しくしている。理解したうえでそれを有効に利用することはさらに難しい。

バイオ産業の究極の目的は医薬品開発である。糖鎖には機能性食品や革

新的材料としての用途もある。しかし、生命に直結するバイオ医薬品の開発は第一になされるべきものである（**表**4-1）。

まず期待されるのは、バイオシミラーを超える糖タンパク質医薬品の開発である。糖鎖構造を均質（収束）化する技術開発が熟度を増している。これまでのバイオ医薬品開発では、生物が作るままの糖タンパク質を製造していた（後ろ向き製造）。それに対し、糖鎖機能の優れた分子種にフォーカスし、効能や安全性に傑出した糖タンパク質製品（バイオベター）を先回り創出する時代の到来は近い。

第二に、糖鎖標的医薬である。これまでのバイオ医薬品（主として抗体医薬）は高価なため、難治性のがんなど重篤な疾患に用途が限られていた。しかし、その標的は上皮性成長因子の受容体など、少数の膜タンパク質に終始し、新規の標的分子候補は少ない。一方、グライコプロテオミクスが肝疾患診断で奏功している。このことは、創薬における糖鎖標的医療の可能性を示す。

第三に、糖鎖を加味したがんワクチンの製造である。糖鎖は免疫原性が低いと述べたがいろいろな場面で抗原物質となっていることも事実だ。糖タンパク質や糖脂質など、さまざまな糖鎖複合体のがんワクチン開発の可能性は高い。

第四に、糖鎖ミメティクス（模倣）による低―中分子合成医薬品の開発をあげる。糖鎖ミメティクス薬品は上記バイオ医薬品とは異なり、従来の低分子医薬品に近いが、糖鎖を標的としている点で新しい市場を形成する可能性がある。糖鎖関連創薬のいくつかを次節で紹介しよう。

表 4-1　糖鎖制御に基づくバイオ医薬品 4 つの可能性

1.	糖鎖構造収束バイオ医薬	抗体、糖タンパク質ホルモン・サイトカイン、など
2.	糖鎖標的バイオ医薬	抗糖鎖抗体・薬剤複合体（ADC）
3.	糖鎖複合体ワクチン	腫瘍特異的糖鎖（糖タンパク質）抗原
4.	糖鎖模倣薬（ミメティクス）	糖鎖関連酵素阻害剤（リレンザ、タミフル）・レクチン阻害剤（リビパンセル）

4-10 糖タンパク質バイオ医薬品：糖鎖でバイオベターを

　糖鎖利用による第一のバイオ医薬品は糖鎖構造を制御し、薬効や安全性で先行品を上回る、バイオベターと呼ばれる医薬品である。すでに先行品があっても、製造法や薬効、品質において先行品の性能を大きく上回ることが示されれば、新薬としての扱いを受ける可能性がある。現時点ではまだ概念にとどまるが、その実現はそれほど先ではないだろう。

　糖鎖制御とは主として糖鎖構造の収束化や単純化を意図したものだ。CHO細胞などで作られる糖鎖構造は著しく不均一で多様である。そのため、どの糖鎖構造が薬効や安定性、安全性に寄与しているのか判断が難しい。今までは均一糖鎖構造を持った糖タンパク質を作る技術がなかったが、いくつかの基盤技術が糖鎖構造均一化に成功しつつある。図4-10に糖鎖均一化技術による糖タンパク質バイオ医薬品製造の概略を示す。

　注目されている技術は、1)「化学連結法」(chemical ligation) と呼ばれる糖ペプチドやペプチド同士を化学的に連結する技術と、2) 糖タンパク質に付加している糖鎖を切り出し、そこに化学的に合成した、あるいは生体資材から単一品にまで精製したNグリカンを転移させる「糖鎖すげ替え」(transglycosylation) である。いずれも試験管内で望ましい均一糖鎖をタンパク質に導入する方法である。

　前者の化学連結法は大きなタンパク質への適用が難しく、後者のすげ替え法は転移反応に用いる酵素の特異性に大きな偏りがあり、転移できる糖鎖構造に限界があるなど、それぞれに課題を残す。しかし、将来は相互の利点を組み合わせたり、さらに有用な酵素を開発したりすることで、これらの課題は克服されるだろう。

　現時点におけるもっと重要な課題は、どの糖鎖を導入すれば有用なバイオ医薬品ができるのかが明確ではない点だ。これが、製薬企業が糖鎖すげ替えに代表される糖鎖収束技術によるバイオベター作製にまだ積極的に関与しようとしない主な理由だろう。

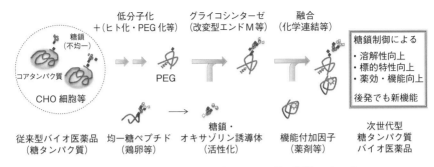

図 4-10　均一糖鎖をもつ糖タンパク質の製造スキーム

均一糖鎖構造をもつ製法の利点としては、生物機能や臓器特異性が向上した、付加価値の高い糖タンパク質医薬品を狙い撃ちして合成できる点にある。また、製法の画一化によって従来法における糖鎖の品質管理やマスターセルの選択などの労力から解放されることも産業上大きな利点となる。タンパク質構造は既存医薬品と同一であっても、糖鎖構造を収束、ないし均一化することによって、コストパフォーマンスに優れたバイオベターや、バイオイノベーティブといった次世代型バイオ医薬品の創出が期待される。
出典：平林淳（2013）、MEDCHEM NEWS [9]

　糖鎖構造の末端にシアル酸が付加していれば、糖タンパク質の血中安定性が高まることを述べた（4-2節）。シアル酸や硫酸化糖鎖が付加することで、タンパク質の溶解性や安定性（プロテアーゼ抵抗性）が高まることも期待される。ではバイオベターにはシアル酸のうち α2-3 型と α2-6 型のいずれの結合様式が適しているのだろうか。これについては目下適当な判断材料がない。バイオマーカーとしてのシアル酸は結合様式によって大きな違いがあることが多いが、バイオ医薬品としてはどうなのだろう。

　さらにコストの問題もある。アカデミアとして技術を確立しても、すぐに実用化できないことが多い。手の込んだ修飾糖鎖を大量・安価で行うことは必ずしも容易ではない。

　確かに課題はいくつか残されている。しかし後発品であるにも関わらず、新薬並の適用を受ける利益は大きい。すでに実用化されたものもある。エリスロポエチン（腎性貧血治療薬として承認されている糖タンパク質医薬品。糖鎖構造と in vivo 薬効に有意な相関がある）の後続品、アラネスプは、糖鎖付加部位を2か所増やすことで、同効で投与間隔の延長を達成している。

4-11　糖鎖標的抗体医薬：その課題

　種が近いヒトとマウスでは多くの糖鎖が共通するため、互いに免疫原性が低い。また、糖鎖は一般に分岐構造をもつため空間的な広がりをもつ。このような糖鎖を標的にした抗体は生成しにくい。

　抗体医薬は製造コストが莫大で、保健医療経済を圧迫している。その理由としては、まず抗体自身の構造が複雑である点が挙げられる。また、バイオ医薬品自体、まだ開発の歴史が短く、真のエンジニアリングの洗礼を受けていないことも事実だ。図 4-11 に現時点における抗体医薬品の製造スキームを示す。

　ところで、ムチン型糖鎖（O グリカン）である STn（シアリル Tn 抗原）が、がん化に伴い出現することが知られている。この短縮化で、糖鎖に覆われていたペプチドの素肌が露出し新たに免疫原として機能するようになる。また、CA19-9（シアリルルイス a 構造）のように、責任遺伝子（a 1-4 フコース転移酵素）が免疫動物であるマウスに先天的に欠如していれば、抗体が産生される可能性がある。ここに糖鎖標的抗体開発の鍵がある。

　今後特定のがんに特異的な糖鎖構造を標的化する抗体作製技術が開発されれば、分子標的薬としての抗体医薬の用途、市場は大きく増大するだろう。糖鎖とタンパク質を同時に認識するような抗体、あるいは抗体と別分子を組み合わせたような複合体医薬品の開発にも弾みがつく。

　また、抗体を医薬品として考える場合、標的細胞の殺傷、除去方法が問題となる。中和抗体でよい場合もあれば、ADCC（Antibody-dependent Cellular Cytotoxicity）活性まで狙わなければいけない場合もある。あるいは薬剤と結合させて（ADC = Antibody-drug Conjugate）、標的細胞内に薬剤を送達する方法も想定される。

　現在、がんなどの治療目的に考案されている分子標的薬はほとんどが上皮成長因子受容体を狙ったものである。このタンパク質は標的として飽和状態ともいえる。それを克服するのが糖鎖標的の抗体医薬の開発だ。今後の研究開発動向を注視したい。

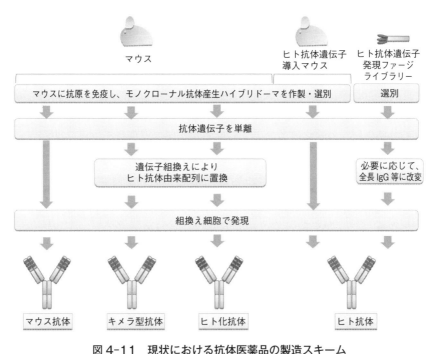

図 4-11　現状における抗体医薬品の製造スキーム

出典：国立医薬品食品衛生研究所・生物薬品部の公開サイト [10]

4-12　糖鎖ミメティクス：リレンザ、タミフルに続け

　第四の糖鎖関連創薬は糖鎖・レクチン間の結合を阻害する糖鎖合成模倣品である。たとえば、がん転移の成因としてある標的糖鎖が見つかり、その糖鎖が内在性レクチンと相互作用するのであれば、その相互作用を阻害する化合物（糖鎖模倣品）が医薬品になりうる。

　インフルエンザウイルスに対する特効薬として知られるリレンザ（正式名：ザナミビル Zanamivir）やタミフル（同：オセルタミビル Oseltamivir）に類似の例をみることができる。前節 4-1 でインフルエンザウイルスがヒト、およびニワトリに感染するとき、ウイルス粒子表面に存在する凝集素（hemagglutinin）がシアル酸の結合様式を見分けて、ヒト型のウ

第4章　糖鎖の機能と利用　　83

イルスであればα2-6結合を、トリ型のウイルスであればα2-3結合に強く結合すると述べた。

ウイルス感染が成立するためには、さらに宿主細胞内に潜り込み増殖したウイルスを感染細胞の外に放出する必要がある。この際、邪魔になるのが感染の際に利用したシアロ糖鎖だ。このため、ウイルスは凝集素の他に、もう1つの武器、シアリダーゼ（シアル酸を分解する酵素、ノイラミニダーゼとも）を備えている。この酵素の阻害剤として開発されたのが、リレンザやタミフルだ（図4-12）。

最近、糖鎖ミメティクス医薬といえる例が話題となっている。GMI-1070と名づけられ、現在第Ⅲ相試験が進められている薬剤だ。これは鎌状赤血球が原因で起こる血管閉塞（VOC：Vaso-occulusive Crisis、激痛を伴う炎症）の改善が期待されている。鎌状赤血球が細い血管を詰まらせることで炎症反応が起こると、そこに白血球が集積する（図4-13）。その際、血管内皮細胞状に発現するセレクチンと呼ばれるC型レクチン（7-2節）と、白血球状に発現したセレクチンのリガンド糖タンパク質（PSLG-1）

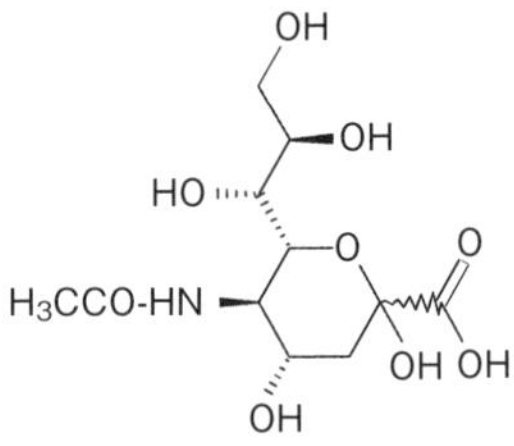

シアル酸（5-N-アセチルノイラミン酸：Neu5Ac）

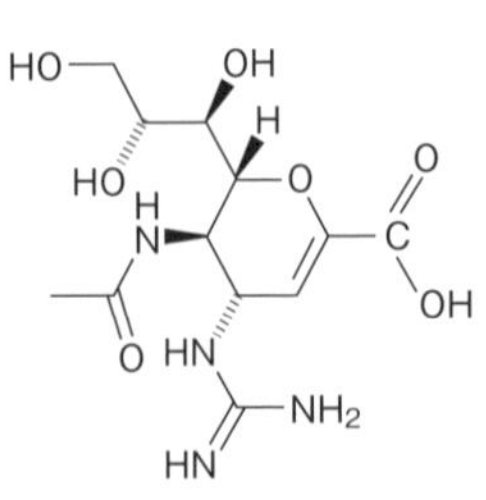

リレンザ（ザナミビル） 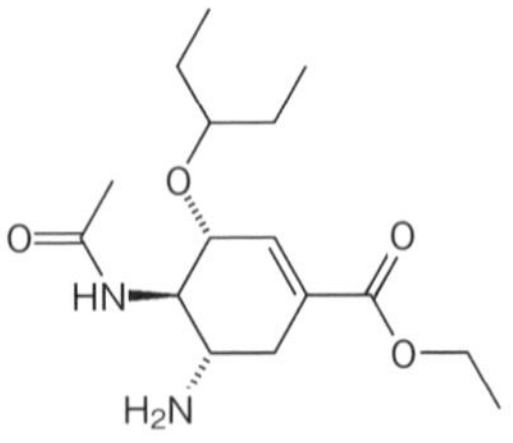　　タミフル（オセルタミビル） 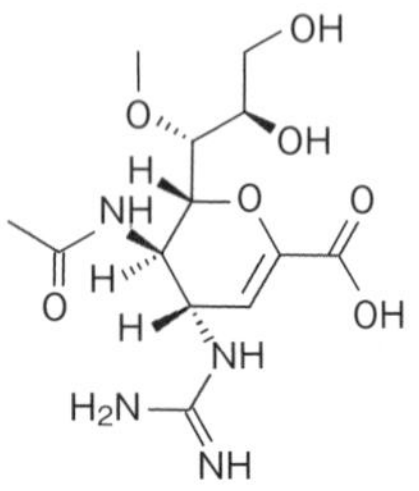　　イナビル（ラニナミビル）

図4-12　抗インフルエンザウイルス薬とシアル酸

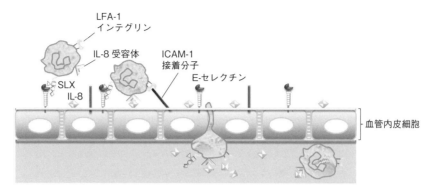

図 4-13　セレクチンを介した白血球の炎症個所への集積

血管内皮上に発現したセレクチン-E や P が、糖鎖リガンドであるシアリルルイス X（SLX）構造を有する白血球上の受容体に結合することで、白血球のローリング（血中移行速度の減少）が起こり、炎症個所へと浸潤する[13)14)]。

の結合が必要だが、そのときセレクチンが認識するのが、腫瘍マーカー CA19-9 と構造の類似するシアリルルイス X（SLX）構造だ。

GMI-1070 はセレクチンの研究を創薬に結びつけようとする米国企業、GlycoMimetics 社の J. Magnani（マグナニ）らが汎セレクチン阻害剤として 30 年にわたって開発してきた成果（製品名、リビパンセル）である（**図 4-14**）。

GMI-1070 は図 4-13 に示した白血球のローリング現象にかかわるすべてのセレクチン、すなわち、炎症性血管内皮細胞上に発現するセレクチン-E、およびセレクチン-P、そして白血球上に発現するセレクチン-L のいずれにも強く結合する。これらセレクチン類の主要なリガンドの 1 つが PSGL-1 と呼ばれる糖タンパク質で、SLX を発現している。

SLX は腫瘍抗原シアリルルイス a 構造と異性体の関係にあり、セレクチンの糖鎖リガンドが SLX であることが示された当時（1990 年前後）は、糖鎖の時代が来たと叫ばれた。SLX 自体ががん転移を抑える医薬品になると期待されたが、糖鎖創薬の壁は厚く、夢は絶たれた。糖鎖の時代は来なかった。

しかし、そのときの経験が蓄えとなって今回の汎セレクチン阻害剤（リ

リビパンセル

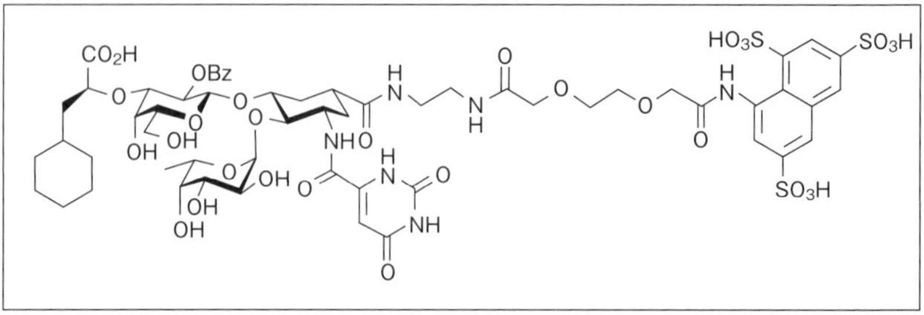

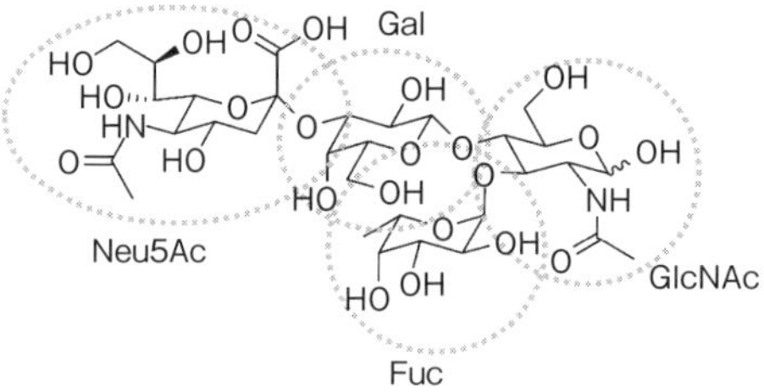

シアリルルイス X（SLX）
= Neu5Ac α 2-3Gal β 1-4GlcNAc
Fuc α 1-3

図 4-14　パンセレクチン阻害剤、リビパンセル（GMI-1070）とシアリルルイス X（SLX）の構造

ビパンセル）の開発に至った。がんと比べて大きな市場ではないが、鎌状赤血球閉塞症が原因で苦しむ患者に朗報をもたらすだろう。

鎌状赤血球はその異常な形状をした血球によって血管閉塞を頻発する一方で、熱帯地方における脅威、マラリアに罹患しにくいという特典を現地民に与えた。赤血球形状の異常と引き換えにマラリアからの防御という代償のはてに、リビパンセルが日の目を見ようとしている。

❖4-13　糖鎖ワクチン：新たながん予防に向けて

繰り返し述べてきたように、がんなどの疾病で、あるタンパク質に特異的な糖鎖の発現が起これば、それはがん細胞をたたくための標的分子になるとともに、がんの免疫療法、すなわちがんワクチンとして機能する可能性がある。

ワクチンはどのように我々の免疫系を刺激し､がんから守るのだろうか。

ワクチン製剤が身体に摂取されると、樹状細胞によりヒト白血球型抗原（HLA）を介し、細胞傷害性T細胞などのリンパ球にワクチン由来の抗原が提示される。抗原提示されたリンパ球は、これを異物シグナルとして認識し活性化する。このリンパ球ががん細胞がもつ抗原を目印に攻撃するので、がん細胞が傷害され死滅するという仕組みだ。ワクチンの効果を高めるため、アジュバンド（免疫賦活剤）を併用する場合が多い。糖鎖ワクチンとして期待されるがん関連糖鎖構造を図4-15に示す。

　前述の糖タンパク質標的医薬（抗体）は、がん診断がなされてから治療目的で用いるが、がんワクチンはがんの発生前に予防目的で用いることができる。しかし、ワクチン（抗原）を接種してレシピエントの体内で有効な抗体が生産されるかどうかは、接種してみないとわからない。それに比べ、抗体医薬は、すでに標的抗原が定められ、それに対し効力の期待できる抗体が調製されている点で確実性が高い。

　もし、糖鎖標的によるがんワクチンを開発するのであれば、現状克服しなければならない課題は、自在に糖タンパク質を合成する技術である。これは、4-10節で述べた糖鎖収束糖タンパク質医薬品の課題と同じだ。また、このような糖タンパク質を十分量合成できれば、4-11節の糖鎖標的抗体の作製に必要な免疫原も用意できる。糖鎖利用技術を医薬品へ応用する鍵は、糖タンパク質の糖鎖合成制御技術なのである。

	糖鎖類型	関連がん腫
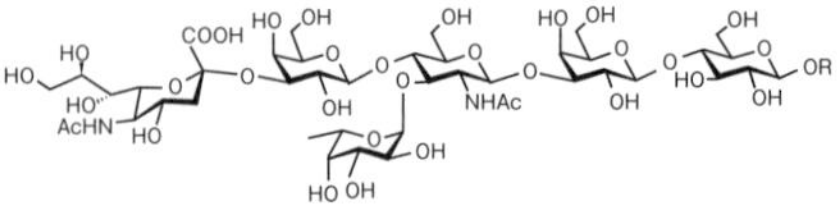 シアリルルイス X（シアリル SSEA-1）	糖タンパク質・糖脂質糖鎖	分化型腺がん 進行性肺がん
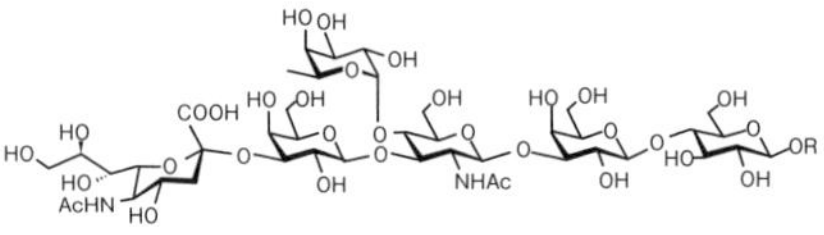 シアリルルイス a（CA19-9）	糖タンパク質・糖脂質糖鎖	胆道がん 膵がん
T 抗原（コア 1） 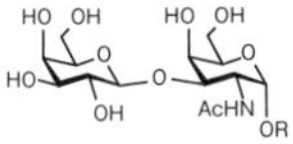	ムチン系 O グリカン	大腸がん
シアリル Tn 抗原 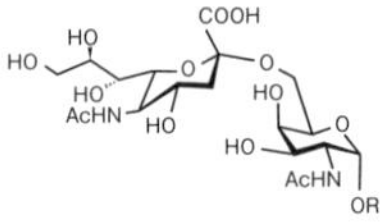	ムチン系 O グリカン	卵巣がん 子宮頸がん 胃がん 胆道がん 膵がん
GM_2 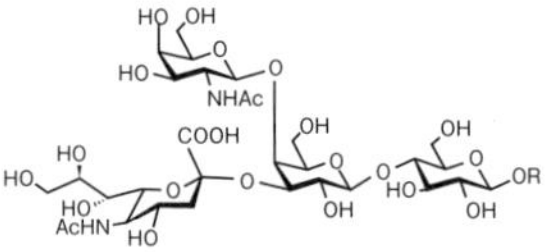	ガングリオ系糖脂質糖鎖	グリオーマ 腎がん 多発性骨芽腫 小細胞肺がん

図 4-15　がんワクチン抗原として期待されている糖鎖抗原

出典：東京化成工業㈱のサイト[15]を参考に作成。

【コラムⅢ】 糖質制限について

　昨今、生活習慣病の問題が顕在化するにつれ、国民の健康志向が一層高まっている。その一環であろう、糖質制限という言葉をしばしば耳にする。よくあるダイエットブームの１つと思われる方もいるかもしれない。しかし、この糖質制限には重要な基本的事実が多く含まれている。

　いうまでもなく、三大栄養素は炭水化物、脂質、タンパク質であり、どれも我々の健康維持に欠かせない。これらのうち糖質（食事などで炭水化物を摂取した結果、代謝されエネルギーとなるもの）の摂取比率をもう少し下げましょう、というのが糖質制限の趣旨である。

　行き過ぎた糖質制限は決して勧められるものではないが、主食＝炭水化物（糖質）という先入観は考え直したほうが良いかもしれない。糖質は本書のテーマでもあるため、正確を期し、また、ありがちな誤解を解く意味からも以下３つのことを述べておきたい。

1) 血糖値を上げるのは糖質のみという事実

　炭水化物は、我々がエネルギーへと変換しうる糖質と、エネルギーにならない食物繊維の２つに分けられる。糖質を過剰摂取すれば中性脂肪（トリグリセリド）の蓄積につながり、いわゆるメタボが進行する。血糖値を上げるのは糖質（デンプンとその分解物など）のみである。デンプンが分解されブドウ糖（D-グルコース）になると血糖値が上昇し、それを感知してインスリンが分泌される。

　インスリンはブドウ糖を分解すると思われがちだが、インスリンの働きは、ブドウ糖を細胞に取り込んで、脂肪へと転換することだ。すでにみてきたように、糖化学の本質はヘミアセタールに起因する反応の惹起である。血液中において糖はアミノ基を求め、これを有するタンパク質（アルブミン、ヘモグロビンなど）とシッフ塩基（Schiff base）を形成する（**コラムⅢ図1**）。このシッフ塩基はアマドリ転移を経て 2-ケト、1-デオキシ体のアマドリ化合物となる（以上、可逆過程）。

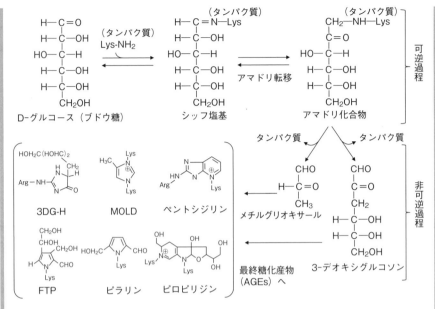

コラムⅢ 図1 糖化反応の経路図

糖化反応は前半の可逆的反応過程（シッフ塩基形成とアマドリ転移）と、後半の非可逆的過程（酸化、脱水、縮合など）を経て不溶性の最終糖化生成物（Advanced Glycation End-products）が生成する。血中脂質なども巻き込み不溶性の塊が網膜や腎臓などの狭い血管を詰まらせると糖尿病の合併症が発症する。
出典：糖化反応スキーム[16]を参考に作成

　さらにこのアマドリ化合物は酸化、脱水、縮合などを重ね最終糖化生成物（AGEs：Advanced Glycation End-products）を形成する。この過程は非可逆的で不溶性の凝集塊が血管を詰まらせてしまう。血管内皮の炎症反応を引き起こすので血管が傷つく。糖尿病の合併症が網膜や腎臓など細かい血管が密集する組織で多発するのはこのためだ。

　高血糖値は絶対避けなければならない。しかし、血糖値を下げることをインスリンに頼ると負の側面が助長される。余剰のブドウ糖をさっさと脂肪へと変えてしまうのだ。我々が1日に必要な糖質量は200〜250 g程度だ。ご飯や麺類をおなかいっぱい食べた後、それが多量のブドウ糖に代わり、さらに脂肪に変えられていることは実感しにくい。ご飯1杯に含まれる糖質は約55gである。インスリンは肥満ホルモンでもあるのだ。

2）糖質依存の背景：灌漑農法と人口爆発

　糖質はさまざまな食品に含まれるが、灌漑農法の導入が、現在の糖質依存の食文化を形成したとされる。有史以前、我々の祖先は糖質をそれほど摂取しなかったし、狩猟民族は鳥や獣、魚、木の実などを食する移住型の生活を営んでいた。獲物や食物がなくなれば別の場所に移動して1か所に定住することはなかった。

　灌漑農法がもたらしたのは、同じ場所で生活し食料を保存できる利便性と人口爆発、そしてそれに伴う生態系破壊と環境汚染である。灌漑農法が開発される前の紀元1万年前にはたかだか1,000万人に満たなかった世界人口は、紀元1年に1億人に達する。さらに近代化が進み現在は70億人である。

　よくヒトは雑食性と言われるが、むしろ肉食に近く、少なくとも草食性ではない。草食動物は難消化性であるセルロース（これも炭水化物だが、栄養学的にいうところの糖質＝エネルギー源ではない）を代謝し、ブドウ糖に変換する腸内細菌と共生している[注1]。興味深いことに、肉食動物である山猫や狼（糖質をほとんど摂取しない）の血糖値は我々雑食性動物と大差ない 100 mg/dL 前後だという。つまり、肉食によっても、脳に栄養を送るだけのブドウ糖をつくりだすことができるということだ。そのことを次に述べる。

3）糖新生によるブドウ糖の供給

　糖は生命存続（とくに脳）に必要な物質なので、肉食獣にはタンパク源が分解されたアミノ酸から糖を合成する糖新生（gluconeogenesis）という仕組みが備わっている（**コラムⅢ図2**）。しかし、これは肉食獣に特化した進化戦略ではなく我々にも備わっている。このことは、ブドウ糖を定常的に備えることの重要性と歴史の深さを教えてくれる。

　問題は、糖質（ブドウ糖の源）を摂取しすぎることがなかった生命史において、我々人類が最初で（最後の？）変革を起こしていることだ。いうまでもなく、食料がなければ人口は等比級数的に増えず、どこかで頭打ちになる。しかし、その頭打ち（上限値）を引き延ばしているのが糖質依存

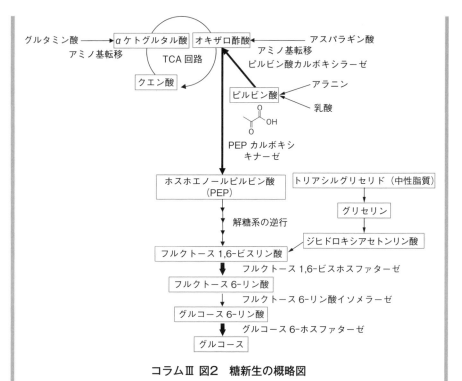

コラムⅢ 図2　糖新生の概略図

アミノ酸の代謝で生成するαケト酸（ピルビン酸、オキザロ酢酸、αケトグルタル酸）を、ホスホエノールピルビン酸カルボキシキナーゼの働きで高エネルギー化合物であるホスホエノールピルビン酸に転換する。グリセロールから作られるジヒドロキシアセトンリン酸もフルクトース1,6-ビスリン酸を介してブドウ糖になる。糖新生に固有の不可逆反応を太い矢印で示す。

のシステム（大規模灌漑農法による大量生産法の確立）なのだ。

　ブドウ糖が解糖系で代謝されると2分子のATPができる。しかし、このエネルギー生産方式は脂肪酸と比べると効率が悪い。また、ブドウ糖の前駆体であるグリコーゲン（α1-4 グルコースのポリマー）の体内貯蔵量は成人1人当たりわずか300 gにすぎない。これに対し体脂肪率20％以上の人はざらにいる。体重が60 kgなら12 kgもの脂肪をため込んでいることになる。糖質摂取によって血糖値が上がると、インスリンが分泌されブドウ糖が脂肪に転換するのは、頻発する飢餓に対し進化が獲得してきた機構だろう。しかし、この仕組みは現代においてむしろ仇になっているようだ。

今日、コンビニエンスストアやレストランに足を運ぶと、糖質制限を実行することのむずかしさに気づく。ファーストフーズに至っては糖質オンパレードである。各種人工甘味料（カロリーゼロ）の登場によって甘さはある程度ごまかせるようになったが、多糖であるデンプン（米、麦、トウモロコシ、芋の主成分）の摂取を避けるのは非常に難しい。

　糖類（ブドウ糖、麦芽糖、ショ糖などの単糖類、二糖類で甘みのあるもの）と異なり、デンプンは大量のブドウ糖に転化するにもかかわらず、食べているときにはその甘さを感じない。だからいくらでも食べてしまう。

　本来、糖質は容易に得ることができなかった栄養素のはずだ。残念ながら、過剰摂取した場合に対する進化戦略は何もできていない。

　ちなみに、糖質は気化しにくいので蒸留酒には血糖値を上げる糖質は含まれない。逆に醸造酒には比較的高濃度の糖分が含まれているので、愛飲家は注意が必要だ。ただし、ワイン（特に辛口）はあまり血糖値を上げない。食品成分表を見てもワインの炭水化物の含量は他の醸造酒と比べ確かに低い。読者はすでにその理由を見いだせるだろう。

注1）ウシの4つある胃のうち最初の3つ（ミノ、ハチノス、センマイ）にセルロース分解酵素をはじめ、さまざまな代謝酵素をもつ大量の共生微生物が棲息する。最後の胃（ギアラ）で胃酸が分泌され、共生微生物は分解される。ウシは、微生物の生産してくれるブドウ糖やアミノ酸をそのまま頂戴することができる。これに対し、ウマには胃は1つしかなく、最初に胃酸が分泌されるため共生微生物由来の代謝物の恩恵にはあまりあずかれない。

第5章

レクチン概論

❖ 5-1　レクチンとは：定義と歴史

　I. J. Goldstein（ゴールドステイン）らによれば、レクチンは、「抗体や酵素を除く、糖結合タンパク質で、赤血球などの細胞凝集素」と定義されていた[1]。しかし、今日では「糖に結合するタンパク質、およびドメイン」とより広義に定義し直されている。酵素のなかにレクチンドメインが見つかったり、免疫起源のレクチンが見つかったりしたからだ。定義の拡張により、レクチンと位置づけられるタンパク質、およびドメイン数は増加の一途をたどっている（1-4節）。

　さらに柔軟な解釈も成り立つ。タンパク質に限定せず、核酸アプタマーや糖に親和性をもつボロン酸誘導体も糖結合活性をもつことから、レクチンとみなすこともできる。これらを「人工レクチン」と呼ぶ日が来るかもしれない。

　最初のレクチンが文献上に記載されたのは1888年である。ロシア（現在のエストニア）のH. Stillmark（スティルマルク）による植物毒素リシンの発見だ。その後、植物レクチンの研究が盛んになるが、1970年代以降、発生、分化、受精、免疫、感染などの生命現象における細胞表層糖鎖とレクチンの関係が注目される。動物レクチン（内在性レクチン）の研究が始動したのだ。したがって、歴史的に、動物レクチンの研究は植物レクチンよりずっと後に始まったと考えられていた。

　しかし、レクチンとして正確な記載に至っていないものの、今日の知見と照らし合わせると、レクチンの研究と位置づけられる先例がいくつかある[2]。

たとえば、19世紀半ばに見出されたCharcot-Leyden（シャルコーーライデン）結晶（図5-1）は、喘息患者の好酸球に含まれる特徴的な構造体だが、主成分はCharcot-Leyden結晶タンパク質だ。このタンパク質の機能は長らく不明だったが、20世紀末、遺伝子クローニングが行われた結果、動物レクチンの一種ガレクチン（7-5節）の一員、ガレクチン-10であることが判明した。

Charcot-Leyden結晶タンパク質を動物レクチンとすれば、レクチンの発見は1853年に遡る。しかし、これにはいささか無理がある。このタンパク質は、ガレクチン家系で強く保存される活性関与残基の多くをもたない。このため、ガレクチンの定義を満たすβガラクトシド結合活性がない。

一方、黄熱病の研究で知られる野口英世は、ペンシルバニア大学に留学中、クサリヘビ科（ハブやガラガラヘビの仲間）の毒液に今日レクチンと呼ぶ「赤血球凝集素」が存在することを報告している。この毒液は管牙から噴射され、血球を溶解したり凝固を促進したりして敵を攻撃する（注：これに対し溝牙を有するコブラやウミヘビの仲間は毒成分として殺傷能力の高い神経毒をもつ）。

ところで、野口の研究成果は、生涯をガラガラヘビ（*Crotalus dirissus*；図5-2）毒の研究に捧げたS. Weir Mitchell（ミッチェル）の功績によるところが大きい、とD. C. Kilpatrick（キルパトリック）は指摘する。事実、野口らは論文の序文でミッチェルのことばを引用している（以下、原文そのまま）。

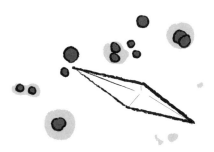

図5-1　Charcot-Leyden結晶

図 5-2　野口英世（左）が赤血球凝集素の存在を研究したガラガラヘビ（右、Crotalus dirissus）

「管牙」を有するクサリヘビ科の毒液にはさまざまな生理活性物質が含まれるが、その中に赤血球を凝集する成分（レクチン）が存在することを野口らは報告している。

I have long desired that the action of venoms upon blood should be further examined. I finally indicated in a series of propositions the direction I wished the inquiry to take. Starting from these the following very satisfactory study has been made by Professor Flexner and Dr. Noguchi. My own share in it, although so limited, I mention with satisfaction.--S. WEIR MITCHELL.

　キルパトリックによるとミッチェルらは、野口らの上記論文（1902年）の5年前にガラガラヘビ毒液中に赤血球を凝集する成分があることを、自分たちの1886年の論文を引用しながら述べているという。これを踏まえ、キルパトリックは、最初の動物レクチンとして記載すべきはクサリヘビ科蛇毒に含まれる赤血球凝集素であり、その起源は1886年に遡ると結論づけた（注：ガラガラヘビ、マムシ、ハブなどクサリヘビ科の毒液中には同様の赤血球凝集素が含まれており、今日では動物レクチンの一大家系、C型レクチンの一種であることがわかっている。）

　とすれば、最初に発見されたレクチンとされる植物毒素リシンのそれより2年早い。初期の動物レクチン研究の概略を**表 5-1** にまとめた。

　さて、リシンの発見に触発され、その後、植物レクチンの研究が進展す

表 5-1 初期の動物レクチンに関する研究とその後の展開

年	事象
● Charcot-Leyden結晶タンパク質(ガレクチン-10)	
1853	CharcotとRobinが病理組織に結晶様構造を観察
1872	Leydenが喘息患者の唾液に同様の構造体を観察
1872〜	好酸球が関与する炎症との関連が指摘され、Charcot-Leyden結晶タンパク質の名称が定着
1993	AckermanらがCharcot-Leyden結晶タンパク質の一次構造を解明、ガレクチンとの相同性が判明
1999	SwaminathanらがCharcot-Leyden結晶タンパク質のX線結晶構造を解明、ガレクチン-10と命名
● クサリヘビ科蛇毒中の赤血球凝集素(C型レクチン)	
1886	MitchellとReichert、ガラガラヘビ(Crotalus dirissus)毒液中赤血球凝作用を示す成分があることを報告
1887	MitchellとStewart、上記観察をFlexnerらに教える
1902	野口とFlexner、上記ガラガラヘビ毒液が赤血球凝集素を含む多様な成分を含むことを報告
1980	Gartnerら、クサリヘビ科フェルデランス(Bothrops atrox)毒液中にCa要求性のガラクトース結合性レクチンの存在を報告
1991	平林ら、ガラガラヘビ(Crotarus atrox)由来赤血球凝集素の一次構造を決定、C型レクチンとの相同性が判明
2004	Walkerら、上記ガラガラヘビ(Crotarus atrox)C型レクチンのX線結晶解析(10量体)を解明

る。「最も祝福されたレクチン」と形容されるタチナタマメ (*Canavalia ensiformis*) 由来のコンカナバリンA (以下ConAと略) など、マメ科レクチンには多くの研究者が熱中した。互いに分子構造や特性が類似するため比較研究がしやすかったし、安価な豆から大量に調製できた。さらに都合がよいことに、特異性が多様であったため、さまざまな糖鎖構造を解析するツールとしてはうってつけだった。

しかし、これらマメ科レクチンに転機が訪れたのは、リンパ球に作用して分裂を促進する「mitogen活性」が見つかったときである。本来出会うはずのない動物のリンパ球を、なぜ植物レクチンが刺激するのか。一方、マメ科に代表される植物レクチンの凝集活性やリンパ球幼若化は、比較的簡単な糖(ブドウ糖や乳糖など)の添加によって阻害された。このことは、レクチンの構造と機能の相関を論じるうえで要になった。

これらの活性はレクチンの本体がタンパク質であることを意味した。1980年、これら一連のタンパク質をレクチン（lectin、ラテン語＝*legre*で「選択する」の意）と呼ぶことが提唱された[1]。

レクチンは、上述のような動物細胞に対するユニークな作用により注目を浴びた。しかし、レクチンの価値が認められたのは、道具として有用だったからだろう。細胞表面の構造は非常に複雑で、その詳細はとらえにくい。とくに、糖鎖は、タンパク質や脂質と結合した複合糖質の状態で存在し、その構造が複雑、不均一で、しかも流動性をもつ。通常であれば、抗体を使う場面だが、糖鎖に対する抗体は調製しにくい。となれば、手軽に手に入り、パフォーマンスもそこそこの、安価なレクチンが浸透していったのは自然の成り行きだろう。

レクチンを糖鎖解析のために積極的に使う機運は、21世紀、レクチンマイクロアレイの登場で新たな局面を迎える（第8章参照）。しかし、ローマは1日にしてならず、本技術の開発前に、植物レクチンによる糖鎖・糖タンパク質の分画やプロファイリングあってのことである。

❖ 5-2　レクチン活性の検出：赤血球凝集アッセイ

レクチンの探索方法は歴史とともに大きく変わってきた。初期のレクチン研究は、赤血球などの細胞表面糖鎖に対する結合と架橋に基づく凝集現象の探索と、その成因であるレクチンの生化学や生理活性に関するものだった。具体的には、レクチンの分画・精製、組織分布、生理機能における構造機能相関といった研究だ。このとき、貢献したのが赤血球凝集アッセイである（図5-3）。

レクチンを含む抽出物を、特殊な構造をしたマイクロタイタープレート（複数の微小穴からなる力価測定用のプラスチックプレート）に分注する。そこに、終濃度1％程度の赤血球を加え1時間ほど静置すると、レクチン（一般に複数の結合部位をもつため多価）が赤血球同士を架橋し、赤血球はネット状の「マット」を形成する。穴の底に風呂敷を広げたような格好だ。一方、レクチンがない場合、ネットは形成されず、微小穴の底（中心

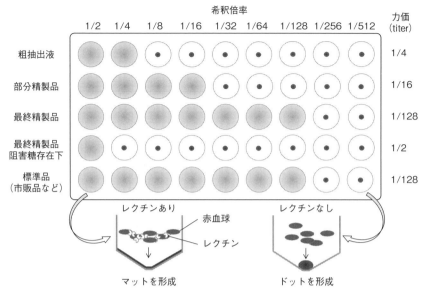

図 5-3 赤血球凝集アッセイの例

抽出液などにレクチンが含まれると、赤血球表面の糖鎖に結合し、細胞同士を架橋するため、赤血球はマイクロタイタープレート上で「マット」を形成する(左下)。

部がより深くなっている)に集積するため「ドット」を形成する。

　レクチン溶液を2倍ずつ希釈した系列をつくり、同様の実験を行うとレクチン原液の力価(titer:凝集活性を示す限界の希釈倍率)がわかる。ただし、この場合、抽出液には他のタンパク質成分がたくさん含まれているので、レクチンの割合は総じて小さく、全タンパク質濃度に占めるレクチンの活性も低い。しかし、抽出液を各種クロマトグラフィーにかけ、レクチンの精製度が上がれば、全タンパク質中に占めるレクチンの割合は向上し、最終的には100%になる。

　レクチン精製の目安は比活性(specific activity)を用いて評価する。比活性はレクチンを含む試料の赤血球凝集活性(力価の逆数、titer^{-1}で表示)をその溶液のタンパク濃度(mg/mL)で割った値で示す(単位は$\mathrm{titer}^{-1}\cdot\mathrm{mg/mL}$)。

$$\text{赤血球凝集を指標としたレクチンの比活性 (specific activity)} = \frac{\text{赤血球凝集力価の逆数 (titer}^{-1})}{\text{タンパク質濃度 (mg/mL)}}$$

　たとえば、ともにタンパク濃度が 1 mg/mL のレクチン粗抽出液と精製品があり、それぞれの赤血球凝集活性の力価が、1/8、1/1,024 であった場合、比活性はそれぞれ、8、1,024 titer^{-1}・mL/mg となる。言い換えれば、精製操作によってレクチンの純度が 128 倍 (1,024/8) 向上したことになる。完全精製されたレクチンの比活性は、一定条件のもと一定値となる(温度、用いる赤血球のロットなどで左右されることがある)。

　単糖や二糖類は比較的安価で容易に入手できる（表5-2）。したがって、探索しているレクチンの基本特異性について、半定量的ではあるが、大まかな全容を知ることができる。本試験法の応用については第6章でも取り上げる。

❖ 5-3　アフィニティ・クロマトグラフィー

　過去のレクチン探索で不可欠だったのは前節の赤血球凝集アッセイだが、レクチンの精製に力を発揮したのはアフィニティ・クロマトグラフィ

表5-2　赤血球凝集阻害試験でよく用いられる糖

単糖類	D-Glc, D-Man, D-Gal, D-GlcNAc, D-GalNAc, L-Fuc, L-Ara, Neu5Ac(N-アセチルノイラミン酸)、D-Xyl, D-GlcA
二糖類	麦芽糖(maltose；Glcα1-4Glc) トレハロース(trehalose；Glcα1-1αGlc) 乳糖(lactose；Galβ1-4Glc) メリビオース(melibiose；Galα1-6Glc) ショ糖(Glcα1-2βFru)
オリゴ糖	3'-シアリルラクトース (3'-sialyllactose；Neu5Acα2-3Galβ1-4Glc) 6'-シアリルラクトース (6'-sialyllactose；Neu5Acα2-6Galβ1-4Glc)

一法である。通常、タンパク質の分子量や電荷的性質など、物理化学的性質の差に基づいて、目的タンパク質の精製を行う。しかし、タンパク質を均一に精製するには、これらの方法をいくつも組み合わせる必要があり、大変な労力を要する。これに対し、アフィニティ・クロマトグラフィーでは、目的タンパク質に特異的な親和性リガンドを固定した吸着体を使うため、粗抽出物から一気に目的タンパク質を精製できる。操作の一例を図 5-4 に示す。

　この方法の肝となるのは、アフィニティ担体（精製したい物質に対し、生物学的親和性をもつリガンドを固定化し、カラムクロマトグラフィーに供する担体のこと）の作成法だ。その端緒となったのが臭化シアン法である。これは 1960 年後半にウプスラ大学の J. Porath（ポラート）らによって開発され、我が国にも 1970 年代初めに導入された。

　アフィニティ・クロマトグラフィーの草分けである笠井献一博士は、血液凝固酵素の精製で苦戦していたある日、石井信一博士から、臭化シアン

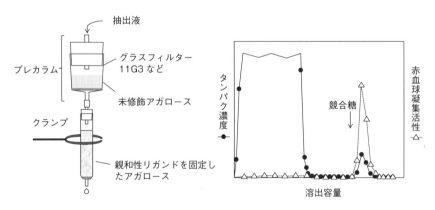

図 5-4　アフィニティ・クロマトグラフィーによるレクチン精製のあらまし

（左）精製操作で用いるアフィニティ・カラムの例。アフィニティ・クロマトグラフィーでは、通常カラム体積に対し過剰容量の粗抽出液を添加するため、抽出液中に含まれる大量の夾雑物（脂質など）によって、アフィニティ担体（アガロースを用いることが多い）が根詰まりを起こしやすい。これを防ぐため、未修飾アガロースを詰めた広口のグラスフィルターをカラムの手前に装着すると（プレカラム）、根詰まりを抑え、一度の操作で大量のレクチン精製が可能となる。（右）アシアロフェツイン（シアル酸を酸処理で除去したフェツイン）固定化アガロースを用いて、ヒト胎盤抽出液から β ガラクトシド結合レクチン（ガレクチン-1、7-5 節）を精製した場合の事例。
出典：J. Hirabayashi、K. Kasai（1984）*Biochem Biophys Res Commun*[6] を元に作成

活性化法でアミノ基をもつ物質をセファロース（アガロース系樹脂の商品名）に固定化できることを知らされた（**図5-5**）。その方法でP. Cuatre-casas（クアトロカサス）たちがキモトリプシンだけを結合する吸着体をつくることに成功したと、1968年の米国科学アカデミー紀要、*Proc Natl Acad Sci* 誌が報じていた[5]。

クアトロカサスらは固定化リガンドとしてD型トリプトファンのメチルエステル使った。キモトリプシンに対する親和性はあるが、この酵素の真の基質ではないため、加水分解を受けない（真の基質だとアフィニティ単体は1回の操作で使い物にならなくなる）。

では、レクチンを精製するにはどうすべきか。レクチンのパートナーは糖鎖なので、糖鎖をリガンドとして固定したいところだが、入手が困難な場合が多い。そこで、血清などに多く含まれる糖タンパク質を用いる。しかし、糖タンパク質の糖鎖は不均一で、100%が望む糖鎖とは限らない。ここで、先ほどのクアトロカサスが用いた競合阻害剤が想起される。彼らは親和性リガンドに阻害剤を選択したが、レクチンのアフィニティ精製では、糖タンパク質を固定化リガンドとして使い、その溶出に競合阻害剤を用いるのが有効だ。

たとえば、前出ガレクチンの精製では、アシアロフェツインを親和性リガンドとして用いることが多い。アシアロフェツインとは、主要血清糖タンパク質であるフェツインからシアル酸を酸処理などで除いたものだ。ア

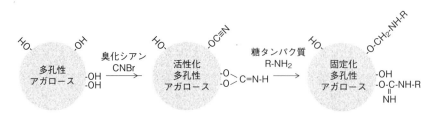

図5-5　臭化シアン法によるアフィニティ担体作製のスキーム

臭化シアンで活性化したアガロース樹脂にアミノ基を有する化合物（糖タンパク質など）を固定化すると、レクチン精製に有効なアフィニティ担体を簡単に作成することができる。今日では臭化シアン法以外にも、より安全・簡便に親和性リガンドを固定化できる活性樹脂が市販されている。NHS（N-ヒドロキシコハク酸）-活性化アガロースなどがその代表。

シアロフェツインの糖鎖は不均一で、必ずしも親和性リガンドとして理想的ではないが、ガレクチンはその中のβガラクトシド構造(ラクトサミン；Galβ1-4GlcNAc)を特異的に認識する。ガレクチンをカラムにしっかり結合させ、かつ他の夾雑物を洗浄操作で十分除いた後、競合阻害剤であるラクトース(Galβ1-4Glc)をカラムに添加すると、βガラクトシドに対する結合が遮断され、ガレクチンが特異的に溶出する。

この事例が示すように、よい競合阻害糖があれば、親和性リガンドは純度100%である必要はない。この実用的な精製法が確立したことで、レクチンの研究は大きく進展する。無論、本手法は精製目的ばかりでなく、被試験タンパク質にレクチン活性があるかどうかを確認する目的でも用いられる。定量分析で用いられるフロンタル・アフィニティ・クロマトグラフィー(FAC)については後述する(6-4節)。

❖ 5-4 レクチン探索の転換期：ゲノム時代のアプローチ

20世紀末になるとレクチンの探索法はがらりと変わる。これはゲノム情報が急激に利用可能になったことと関係する。当時、サイズの小さな単細胞生物(大腸菌や酵母)のゲノムはすでに解読されていた。1999年、多細胞生物である *C. elegans* の全ゲノム構造が解読され、既知の遺伝子と相同性をもつ遺伝子数が想像以上に多いことがわかった。研究者の関心は否が応にも掻き立てられた。

たとえば、代表的な動物レクチンとして知られていたカルシウム依存性レクチン(C型レクチン)と類似のアミノ酸配列をコードする遺伝子が、線虫ゲノムで100個以上も見つかった。C型レクチンのパイオニアであるK. Drickamer(ドリッカマー)もこの事実に驚嘆したに違いない。(おそらく大慌てで)線虫C型レクチンの分子構造(予測図)を、ゲノム解読と同年の1999年に発表している[7]。その後、C型レクチン様ドメイン(CTLD：C-type lectin-like domain)の探索は他のゲノム生物にも及ぶ。しかし、個々の遺伝子の機能については多くが未解明のままだ。ゲノム情報の動きが速すぎるのだ。

当時、ゲノム情報によらず、著者らは2種類のガレクチンが線虫に存在することを突き止めていた。これらを当初32 kDa レクチン、16 kDa レクチンと呼んだが、ゲノム解読によってさらに10以上のガレクチン候補遺伝子の存在が示唆された[9]。

ゲノム時代の到来により、アミノ酸配列情報があれば、コンピュータの前に座り相同検索ソフトを用いてレクチン候補遺伝子をいくらでも探し出せるようになった。ただ、いくら相同性が高くても、遺伝子として発現し、かつ糖結合活性をもつタンパク質として機能しているとは限らない。この確認作業には膨大な時間と労力を要する。著者らは線虫ガレクチン遺伝子の網羅的解析に10年を要した[11]。

一方、レクチン遺伝子を、候補遺伝子の細胞導入、一過性発現、結合活性検出といった流れで解析する手法もある。この方法は、既知のレクチンとの相動性によらずレクチン遺伝子を探索できる、細胞膜に発現する受容体タンパク質も解析対象となるなど利点があるが、系が複雑なため、やはり労力がかかる。

いずれにせよ、上述のような方法を駆使してさまざまな生物資源から多くのレクチンが探索され、その性質や構造、機能が調べられた。そして調べた限りすべての生物にレクチンが存在することが明らかになっている。

単細胞と多細胞、動物と植物、脊椎動物と無脊椎動物を問わず、さらにバクテリアやウイルスに至るまでレクチンは存在する。糖鎖は、レクチンを介して認識される。つまり、糖鎖があればレクチンが介在し、そこに進化が芽生える。糖鎖もレクチンもともに生物の進化を考えるうえで、欠かせない存在だ。

❖ 5-5　レクチンが起こした事件 – I：白インゲン豆中毒事件

レクチンの分布や性質は多様である。このことが原因でレクチンが世間を騒がせた事件がある。以下、その例を2つほど紹介しよう。

1つは「白インゲン豆中毒事件」である。2012年5月に放映された

TBSの番組「ぴーかんバディ！」で米国の研究成果としてダイエットレシピなるものが紹介された。そのレシピを誤って模倣した多くの視聴者が食中毒を起こしたのである。番組では白インゲン豆をフライパンで一定時間煎って食すレシピを紹介した。インゲン豆中に含まれるファゼオラミンという物質が、αアミラーゼ（食物中に含まれるでんぷんなどの糖質を分解する酵素）を阻害することによって、カロリー摂取が抑えられダイエットに効果があるという内容であった。

しかし、番組を見た視聴者の中には、近くのスーパーや八百屋で白インゲン豆が手に入らなかった人が少なからずいた。番組製作側の調査で、食中毒を起こした人のほとんどは、白インゲン豆ではなく、より大型の「白花豆」（図5-6）を使っていたことがわかった。

豆は一般に生で摂取してはいけない。様々な有害物質（タンパク質分解酵素の阻害剤、糖質分解酵素の阻害剤、赤血球凝集素など）が多く含まれるからだ。これらはすべてタンパク質なので熱に弱い。十分過熱すれば問題なく食べることができる。このダイエット法では、豆の中に含まれるさまざまな有害タンパク質を完全に変性させるために豆を煎るというプロセスを設定している。インゲン豆より大きな白花豆を煎るには、番組で紹介したレシピより少し長めの時間が必要なはずだ。

図5-6　白インゲンマメ（右）と白花豆（左）
両者の大きさの違いがよくわかる。

番組のレシピは微妙な部分を含んでいた。すなわち、ダイエットの標的であるファゼオラミンの阻害活性は生かし、他の阻害活性は変性させる、という加熱条件だったのだ。これを一般視聴者が追試するのは容易ではない。
　白インゲン豆には昔から下痢などの中毒を起こすタンパク質成分があることが知られている。ヨーロッパでは、インゲン豆の販売に際して、加熱処理をしない摂取に強い警告表示がなされているという。
　食中毒の原因はレクチンではないか、という推測があり、TBSの要請によりことの検証にあたったのが、小川温子博士である。小川博士らは白インゲン豆と白花豆を一定時間ずつ煎ったのち、それぞれから抽出される溶液に含まれるレクチン活性を、赤血球凝集活性を指標に調べた。その結果、食中毒を起こした人たちの証言による加熱時間では、白花豆に高い赤血球凝集活性が残っていたことがわかった。
　ではなぜ、インゲン豆や白花豆（同じマメ科 *Phaseolus* 属）に含まれるレクチンが食中毒を起こすのか。残念ながら、その詳細なメカニズムはわかっていない。しかし、インゲン豆に含まれるレクチン（赤血球凝集素、PHA-Eや白血球凝集素、PHA-Lなど）は動物細胞の糖タンパク質のうち、複合型糖鎖と呼ばれるNグリカンに強く結合する。これらの凝集素は腸管などの細胞表面に存在するいろいろな受容体（膜タンパク質）のNグリカンに結合したり、架橋したりすることで、本来のリガンドの役割を妨げ、結果的に下痢などの異常な反応を起こすのではないかと考えられる。
　豆科植物は、空中窒素の固定化など、他の植物にはない特性を備えており、やせた土地にもよく育つ。人間以外の動物は「調理」をしないので、豆が重要なタンパク源だとかぎつけて摂取しても、多くの有害なタンパク質（レクチン以外にもタンパク質分解阻害剤、アミラーゼ阻害剤など）があり下痢や嘔吐を起こす。消化されないまま排出された豆のなかにはほとんど無傷のものもあるかもしれない。その結果、豆はやすやすと自分の子孫を現在の生息地から離れた新境地へと導くことができる。この"豆知識"は豆のすぐれた繁殖戦略といえる。
　2つ目のレクチン事件については次節で述べる。

❖ 5-6　レクチンが起こした事件 – Ⅱ：リシン毒素を使った犯罪

　もっと物騒な事件もあった。最初のレクチンと記されるリシンが植物毒素であることを述べたが、その毒性（タンパク合成阻害）は極めて高く、調製も比較的容易であることから、生物兵器として使用される危険性を孕む。このため、リシンの生産は禁じられており、研究用試薬としても使用できない。このリシンを使った殺人事件があったのである。

　横浜市衛生研究所のホームページ（http://www.city.yokohama.lg.jp/）に詳しく述べられているので抜粋・要約して紹介しよう。

　1978年、ブルガリアからの亡命者G. Markov（マルコフ）は、ロンドンのバスで、何者かに傘を装った特製の武器によって襲われた。傘の持ち手の部分に引き金があり、先端部から小弾丸が飛び出すようになっていた。マルコフは、撃たれて3日目に亡くなった。

　死後解剖が行われ、撃たれた脚から小弾丸が見つかった。小弾丸の直径は1.7 mmと小さく、直径0.4 mmの穴が小弾丸にくりぬいてあった。小弾丸の穴の中の毒物はリシンだった。暗殺のニュースを聞いてビックリ仰天した男がパリに居た。マルコフと同様、ブルガリアからの亡命者であり、ブルガリア政府に反対する放送をしているラジオ・フリー・ヨーロッパで働いていたV. Kostov（コストフ）だ。

　コストフは、2週間前、パリの地下鉄駅で急に背中に鋭い痛みを感じたという。振り返ると、傘を持った男が走り去るのが見えた。マルコフのニュースを聞き、コストフは、すぐに病院に駆け込んだ。医者は彼の背中の皮下組織の中に小弾丸を認め、その摘出に成功した。撃たれたときコストフが厚着をしていたため、小弾丸が皮下の浅い層に留まっていたのだ。小弾丸の穴はワックス（蝋）で被われており、体温でワックスが溶けて中の毒物リシンが出る仕掛けであることがわかった。

この事件の犯人は見つかっていないが、もっぱらソ連の秘密警察（KGB）という噂である。記録によれば、1970年代から1980年代の初めにかけ、少なくとも6件の暗殺について、リシン毒素が使われたという。そしてリシンを使った犯罪が我が国でも起こってしまった。

　2015年11月、宇都宮在住の女性（33歳）が、別居中の夫が飲む焼酎に、ひまし油の原料となる「トウゴマ」から抽出したリシンを混ぜ、殺害しようとしたのである。トウゴマから高濃度のリシンを抽出することは素人にはできないし、熱に不安定なタンパク質を一般の人は簡単に扱えない。またこの手口では殺傷力は低そうだ。

　悪用されたリシンの毒性について説明してみよう。

　リシンはII型のリボソーム不活性化タンパク質（RIP-II）とされる。RNA N-グリコシダーゼ活性をもつA鎖が、ガラクトース結合レクチン活性をもつB鎖とジスルフィド結合で連結した構造をしている。A鎖は真核生物の60Sリボソームサブユニットの28S RNAを選択的に切断する。この分子機構は遠藤弥重太教授が解明した（**図5-7**）。

　リシンA鎖は28S RNA中の4324番目のアデニン（A^{4324}）を特異的に認識し、このNグリコシド結合を切断する。その結果、リボソームは伸長因子の結合活性を失い、細胞はタンパク質合成不全となってしまう。A^{4324}はまさにリボソームのアキレス腱である。

　一方、B鎖は細胞表面のガラクトース残基に結合することで、毒素であるA鎖を細胞内へと効率的に送り込む。毒性の本質はA鎖が担うが、B鎖がなければA鎖は細胞に導入できない。A鎖とB鎖が合体してはじめて生物毒として完成する。その怖さが悪用されたのである。

❖5-7　レクチンの構造－I：ConA生合成の妙

　レクチンはさまざまな分子骨格をもつタンパク質であると述べた。50近くの異なる分子ファミリーからなることがわかっているが、これらに共通する要素はない。しいていえばβ構造が比較的多いことくらいであろうか。

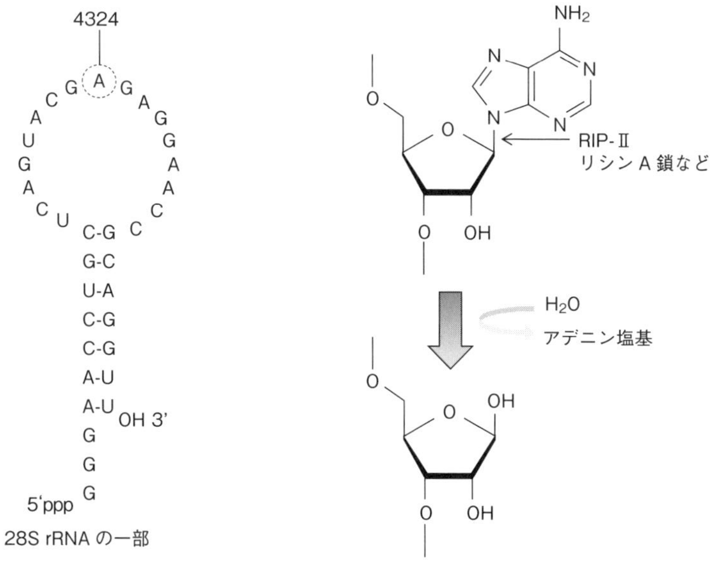

図 5-7　リシン A 鎖が選択的に作用するリボソーム RNA の作用点

リシン A 鎖（RNA N-グリコシダーゼ）は 28S rRNA における 4324 番目アデノシンのリボースとアデニン間の N グリコシド結合を選択的に加水分解する。

　初期に研究された植物由来のレクチンはすべて分泌タンパク質であったため、ほとんどが糖鎖修飾を受けている。最初のレクチンの定義には細胞凝集を起こす「糖タンパク質」という行があるが、Asn-X-Ser/Thr というコンセンサス配列がなければ、N グリカンは付加されない。
　ConA はマメ科レクチンのなかにあって例外的に糖鎖が付加していない。レクチン自身に糖鎖付加があると、不都合が生じる場合がある。自身の糖鎖が立体的に競合作用して、相手糖鎖との相互作用を阻むことがあるからだ。この点、ConA は使う側にとって都合のよいレクチンかもしれない。
　ConA は生合成の初期過程で糖鎖付加を受けているが、成熟する過程で、「循環置換（circular permutation）」という奇妙なことが起こり、このとき N グリカンも消失する。ConA では一度前駆体タンパク質が生合成され、立体構造ができてから（**図 5-8**）、近寄った N 末端と C 末端近傍の間にペプチド結合が作られる。その際、一時的に N 末端も C 末端もない循環タ

ンパク質ができあがるのだ（立体構造は維持）。次に、糖鎖付加部位を含む部位で環状鎖が切断される（図5-8中央右部分）。その結果、新たなN末端とC末端をもつ、成熟したタンパク質ができる。

なぜ、ConAはこのようなことをして成熟タンパク質を生産するのか。1つの推理が成り立つ。ConAはNグリカンのうち、高マンノース型と呼ばれるマンノースに富んだ構造を特に強く認識する。もし、ConAの生合成初期に糖鎖付加が起こっていたとすると、それは高マンノース型である可能性が高い。だとすれば、ConAの生物機能（生体防御など異物認識を想定）が、自身についた高マンノース型糖鎖のために阻害されるかもしれない。

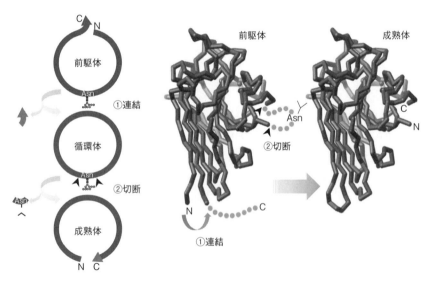

図5-8　ConAで見られる循環置換と立体構造

（左）循環置換前後の変化を模式図で示す。N末端がC末端の上ペプチドを押し出す形で連結が起こり、その結果循環体が生成する（中央）。次に循環体下部に存在する余剰ループ部分（Nグリカンを含む）がプロテアーゼにより切断を受け、成熟体ができる。（右）前駆体と成熟体の立体構造。連結時に削除される余剰C末端ペプチドと循環体のプロテアーゼ切断で除去されるループ領域を「●●●」で示した。連結・切断前後でConAの立体構造はほとんど変化していないことに注目。
出典：Protein Data Base Japan (PDBj) サイト[6]

5-8　レクチンの構造 – II：RCA60（リシン）と RCA120（凝集素）

　リシンはレクチンとしてより毒素としてのイメージが強いが、リシンを産生するトウゴマ（別名ヒマ、学名 *Ricinus communis*、トウダイグサ科、トウゴマ属）には、構造的には類似するが毒性のないレクチンも含まれる。凝集素 RCA120 である。この 120 という数字は分子量を表し、リシンは RCA60 とも呼ばれる。両者の分子構造を図式化して示す（**図 5-9**）。

　リシンは分子量 30,000 の毒素（A 鎖）と 30,000 の凝集素（B 鎖）がジスルフィド結合で会合した構造をしている。一方、RCA120 では、さらにこの A-B 複合体が、非共有結合によって二量体化する。このことによって、見かけの分子量は 120,000 となり、糖結合の価数がリシンと比べ倍化する。

　B 鎖について詳しくみると、RCA60（リシン）でも RCA120（凝集素）でも、B 鎖自体（分子量約 30,000）は 2 回の大きな繰り返しドメイン（分

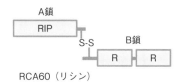

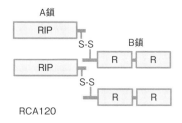

図 5-9　RCA60（リシン）および RCA120（凝集素）の構造

全体構造としては、RCA60 が A 鎖（毒素鎖）、B 鎖（レクチン鎖）が 1 つずつジスルフィド結合（S-S）を介してヘテロ二量体を形成、RCA120 ではさらにそれが 2 つ重なった構造をしている。双方における B 鎖（レクチン鎖）は R 型ドメインと呼ばれる、分子量約 15,000 のドメインが 2 回繰り返した構造となっている。

子量約15,000のR型レクチンドメイン）からなる。さらにこのR型レクチンドメインは、アミノ酸30数残基の、より小さな繰り返し単位からなっている（α、β、γサブドメイン）。

面白いことに、RCA120にもA鎖があるのに、リシンのような毒性がない。逆にリシンにはRCA120のように高い凝集活性がない。リシンはタンパク質合成阻害に特化することで、凝集素としての性能を最低限にとどめたのだろう。一方、RCA120は毒性を放棄し、凝集素としての性能を極限まで高めた。二律相反である。

RCA120は同じトウゴマから精製されるため、製造上、猛毒リシンが混入する可能性を捨てきれない。このため、研究上の有用性が高いにもかかわらず、品質管理上の困難が伴いRCA120を入手することができない。RCA120を遺伝子組換え体として生産すれば、リシン混入の問題は回避できる。

❖5-9　抗糖鎖抗体

今日臨床的に用いられている腫瘍マーカー（図5-10）は、がんの存在や治療効果を判断する目的で広く用いられる。マーカーはあくまでも判断の目安、参考にするもので、「がんであるか否か」、「がん腫は何か」の判定は他の確実性の高い診断法によって行う（確定診断）。

マーカー値の測定は通常それに対する抗体を検出プローブとして行うが、これらのマーカーは血液などの体液に分泌される糖タンパク質である（第4章参照）。しかし、がんに特徴的な糖鎖があったとしても、糖鎖自身に対する抗体を得るのは難しい。なぜなら、抗体の作成に用いるマウスなどの高等動物では、ヒトが発現する糖鎖構造と共通性が高いからだ。

さまざまながん細胞、もしくはその抽出物を免疫原として実験動物を免疫して得られた抗体の多くは、抗原物質が糖タンパク質であることが判明している（表5-3）。しかし、そのなかで、糖鎖部分をエピトープ（抗原決定部位）としている抗体は比較的限られている。

糖鎖に対する抗体はできにくい（特に特異性、結合力の高いIgG抗体

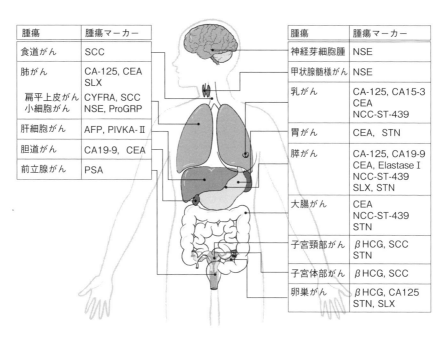

図 5-10　各種腫瘍（がん）に対する腫瘍マーカー

出典：独立行政法人国立がん研究センターがん対策情報センター[18]

は得にくいという経験則が存在）。一方、ヒトとの種差が小さくても、分子進化によってタンパク質のアミノ酸配列には変化が生じる。したがって、腫瘍マーカーに対する抗体は、糖タンパク質のペプチド上にみられるアミノ酸配列の違いを標的にしたものとなる。それでも、有効な腫瘍マーカーとして知られるCA19-9やSTn抗原は、糖鎖がエピトープとなっている。なぜか。

1つは、免疫動物がそのエピトープ合成の鍵となる関連遺伝子を遺伝的に欠損している場合だ。膵臓がんをはじめとする消化器系がんのマーカーとして多用されるCA19-9は、シアリルルイスa（SiaLe^a）という糖鎖構造をエピトープとする。しかし、マウスはこの構造の鍵であるフコース転移酵素（ルイスa合成酵素）を遺伝的に欠く（図5-11）。

第2に、糖鎖とアミノ酸配列を含む構造を抗体が認識する場合である。STn（またはSTN）抗原と呼ばれるOグリカンは、ムチンタンパク質上

表 5-3　抗腫瘍抗体の抗原

腫瘍マーカー(略号)	対象がん
α-フェトプロテイン(AFP)	肝細胞がん、卵黄嚢腫瘍
α-フェトプロテインL3画分(AFP-L3)	肝細胞がん
糖鎖抗原125(CA125)	卵巣がん、子宮がん、膵がん、胆道がん
がん胎児性抗原(CEA)	大腸がん、胃がん、膵がん、胆道がん 肺がん 子宮がん、卵巣がん、乳がん
CA19-9	膵がん、胆道がん、胃がん、大腸がん、肺がん、卵巣がん、子宮体がん
サイトケラチン19フラグメント(CYFRA)	肺がん(特に扁平上皮がん)
NCC-ST-439(NCC-ST-439)	膵がん、胆道がん、胃がん、大腸がん、乳がん、肺腺がん
PIVKA-II	肝細胞がん
前立腺特異抗原(PSA)	前立腺がん、前立腺肥大
扁平上皮がん関連抗原(SCC)	扁平上皮がん
シアリルLe^{x}抗原(SLX)	肺がん、膵がん、胆道がん、卵巣がん、大腸がん
シアリルTn抗原(STN)	卵巣がん、膵がん、胆道がん、肺がん、胃がん、大腸がん
ヒト絨毛性ゴナドトロピンβ分画(βHCG)	絨毛性疾患、卵巣がん、精巣腫瘍

に付加した短鎖の構造で、大腸がんや乳がんでこの短鎖化が起こることが知られている。STn 構造は免疫動物でも共通だが、通常はペプチド部分が長い糖鎖で覆われているため、免疫原性がない。がん化によってムチン上の O グリカンの短鎖化が起こると、露出したペプチド部分（種間で差異あり）に新たな抗原性が付与される（図 5-12）。

このように、マウスなどの生物を免疫して糖鎖に対する抗体を得るにはいくつもの障害がある。しかし、我々の体内で作られる抗体（血清中に含有）の多くが糖鎖と関係する。

今日では、合成技術の発達によって、さまざまな糖鎖構造を合成することが可能になった。これらの糖鎖（オリゴ糖）をガラスなどの基板上に固定化し、各種レクチンや糖結合抗体の解析を行う「糖鎖アレイ」の研究が盛んである。その結果、ヒト血清中にはさまざまな糖鎖認識抗体が含まれることがわかった。

これらの抗体（IgG, IgM など）はエピトープ（抗原性を決定する構造）

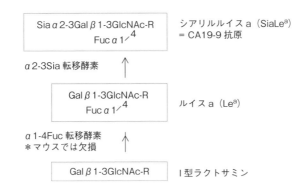

図 5-11 シアリルルイス a (CA19-9 抗原) の生合成経路

マウスでは先天的に α1-4Fuc 転移酵素を持たないため、ルイス a 構造、シアリルルイス a 構造に対する抗体を生産できる。

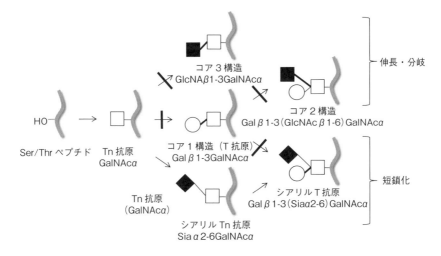

図 5-12 乳がんや大腸がんで表出する腫瘍抗原 (STn) 生合成メカニズム

これらのがんではシアル酸転移酵素の活性が亢進しているため、短い O グリカンの状態で鎖長伸長が停止する。その結果、正常状態ではマスクされているペプチド部分が露出し、免疫原性が生じると考えられている。

出典：I. Brockhausen (1999) *Biochim Biophys Acta.*[19] を参考に作成

として糖鎖を認識することは間違いない。しかし、その抗体を生成させた免疫原については不明なことが多い。5-4節でも述べたように腸内細菌との関連も指摘されているが、微生物糖鎖の解析は確立されておらず容易ではない。原理的に調製が難しい抗糖鎖抗体を作製し、今後の診断や創薬に役立てていくヒントは、このあたりにあるのかもしれない。

❖ 5-10　レクチンによる糖の認識：水素結合ネットワークと疎水結合

　レクチンが糖と特異的に相互作用するためには、物理化学的に異なる種類の結合様式が複数関与する必要がある。**表 5-4** に代表的な結合様式を示す。

　なかでも、レクチン―糖鎖間相互作用を理解するうえで重要なのは、水素結合である。他の結合と異なり、水素結合では距離ばかりでなく角度による制約があることに留意したい。水素結合はレクチンにおける親水性アミノ酸側鎖（-OH、-NH$_2$、-NH-、-COOH、-COHN$_2$）、ないしペプチド結合骨格（-CO-NH-）と、糖の各種水酸基（-OH）、ないしN-アセチル基（-NHCOCH$_3$）、まれに環内酸素（-O-）間で形成される。このことによって、多くの異性体をもつ糖の構造を正しく認識することができる。

　また、水素結合は水素（プロトン）を供与する側（ドナー）と受け取る側（アクセプター）が対となって形成される。ヘテロ原子と水素を両方含む官能基（-OH、-NH$_2$、-CONH$_2$ など）は、プロトンドナーにもアクセプターにもなりうる。このような相互補完的な関係は、さらに広範な水素結合を形成し、しばしばネットワークを形成する。図 5-13 に2種のガレクチンにおける水素結合ネットワークの例を示す。

　水素結合が形成されているか否かは、X線結晶解析の結果だけではわからない。X線結晶解析では一般に水素原子を検出できるだけの分解能はなく、酸素や窒素に理論上水素（プロトン）がついているという仮定の下、水素結合を生じうる距離と角度（ヘテロ原子―水素―ヘテロ原子が直線状に並ぶこと）にあることから、水素結合の存在を予想しているにすぎない。

表 5-4 レクチン―糖鎖間の相互作用を形成する結合様式

●疎水性相互作用 (hydrophobic interaction)	水の介在によって発生する生体分子に特徴的な相互作用。一般に疎水性の構造部分が集合する方が、水の乱雑さが高まり、エントロピー的に有利になるためこの結合が起こる(疎水性基同士が結合しているのではないことに注意)。
●ファンデルワールス相互作用 (Van der Waals interaction)	すべての原子間に発生する極めて弱い結合。原子間距離が短いほど強まるが、いわゆるファンデルワールス径以内では急激に反発に転換する。その結果、立体障害を生じさせることで、分子の基本形を作るのに貢献する。
●塩結合・塩橋(salt bridge)	正電荷と負電荷をもつ原子団同士がクーロン力によって引き合う結果生成する結合。距離(r)の2乗に反比例するため、近距離で急激に結合力が高まるが、水素結合のように方向性の制限がない。
●水素結合(hydrogen bond)	双極子・双極子相互作用の一種。電気陰性度の高い酸素、窒素に結合した水素が、酸素、窒素と2.8Å前後の距離で、直線上に並ぶとき、真ん中に位置する水素が2つの酸素、窒素、ないし酸素と窒素に共有される形で存在する。一対の水素結合の増加は約10倍の親和力上昇につながる。一般にレクチンの糖認識を決定づける重要な結合。

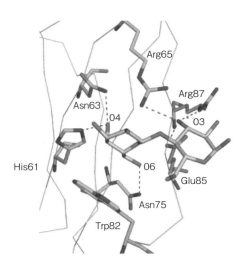

図 5-13 ヒトガレクチン-9がラクトースを認識する際に形成される水素結合ネットワーク

ガラクトース(中央)の4位、6位の水酸基、グルコース(右側)の3位の水酸基に対し、複数の水素結合が協調的に形成されていることがわかる。実線はペプチド結合、点線は水素結合を表す。
出典:M. Nagae ら (2008) *J Mol Biol*[21]

一方、一対の水素結合によるエネルギーの安定化は 2〜7 kcal/mol 程度であることから、このエネルギー安定化は結合定数をほぼ 1 桁上げることに貢献する。結合定数は後述する方法で測定することが可能なので、両者の結果が一致すれば、実際に水素結合が形成されていることが確実となる。

　とはいえ、水素結合だけでレクチンの糖結合が説明できるわけではない。レクチンと糖（鎖）の結合は浅い溝（くぼみ）にできていることが多い。浅い溝では疎水性相互作用や、ファンデルワールス力が巧みに関与し、より高い特異性と親和性を創出する。C 型レクチンの糖結合部位にはカルシウムイオンが配位し、水素結合ネットワークの形成を支えている（図 5-14）。

❖ 5-11　レクチンによる多価糖鎖の認識とクラスター効果

　レクチンと糖鎖の結合は他のタンパク質（酵素や抗体）と比べると少し様相が異なる。酵素・基質間の結合は鍵と鍵穴に例えられ、総じて狭い範囲での認識であることが多い。

　一方、糖鎖は分岐を 1 つの特徴とする構造体だ。基本的に水になじみやすく、構造的に広がりをもった物質といえる。加えて、糖鎖を構成する個々の単糖はすべて環状構造である（中が空洞）。そこに複数の水酸基が相互に異なる配向性（アキシアル、エカトリアル）と置換基をちりばめることで自己の存在を表出している。

　糖鎖が互いに似て非なるものの集団であることから、これらを識別するために、レクチン（広義の糖結合システム）の高次認識力が必要になる。本節では糖認識・結合の戦略について説明する。

　前節で C 型レクチンの糖結合認識を述べた（図 5-14）。単糖である Man に対し、カルシウムイオンへの配位結合を介しながら、Man の 3 位と 4 位の水酸基にそれぞれ二対ずつの水素結合を配備していた。別の結合実験によると C 型レクチンの単糖に対する結合力（結合定数、K_a）はおおむね $10^3 \mathrm{M}^{-1}$ である（解離定数 $K_d = 1/K_a = 1$ mM）。

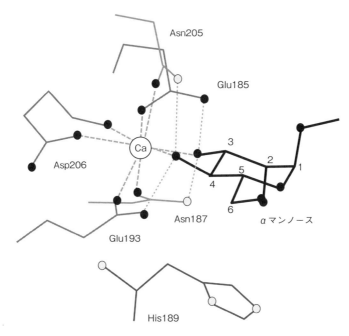

図5-14 ラットマンノース結合性レクチンの糖結合部位における水素結合ネットワークとそれを支える配位結合

このレクチンでは配位子（αマンノース）の3位、および4位の水酸基が親水性残基（Glu185、Asn187、Glu193、Asn205）の側鎖と4対の水素結合（点線）を形成するとともに、カルシウムイオンがこれら4アミノ酸およびAsp206の側鎖と配位結合（破線）することで糖結合部位を形成している。また、His189が下方からファンデルワールス相互作用している。水素結合に関与する酸素、および窒素原子を、それぞれ黒、および灰色の丸で示した。
出典：A. R. Kolatkar, W. I. Weis（1996）*J Biol Chem*[22]を参考に作成

　多くのC型レクチンは非還元末端の糖残基1つだけを認識する。したがって結合に関与する面積と水素結合は最低限でしかない。その結果、単糖に対する結合力は典型的な抗原・抗体反応のそれに比べると1,000〜100万倍も弱い。

　しかし、レクチンはサブユニット構造を持ち、多価である。複数の単糖リガンドに対し相乗的に結合することが可能だ。たとえば、レクチンが3つの結合部位を持ち、それらが3分岐のNグリカンの末端構造を認識する場合を考えてみよう。仮に、それぞれの結合部位のNグリカン末端に

対する結合定数（K_a）が 1,000 M^{-1} としよう。

もし、これら3つのレクチン結合部位が、それぞれ独立にNグリカンの末端構造と結合するなら、レクチンとNグリカンの結合力は、単に結合の機会が増えるだけなので、1,000 M^{-1} の3倍（3×10^3 M^{-1}）になる。しかし、3つの結合部位が同時に糖鎖リガンドに結合するような立体配置をしている場合、状況はまったく異なる。

幾何学的に、レクチン結合部位と糖鎖リガンドの配置が最適化されていれば、個々の結合はもはや独立事象ではなく相乗効果を生む。つまり、結合定数は個々の結合の和（$10^3 + 10^3 + 10^3 = 3 \times 10^3$ M^{-1}）ではなく、積（$10^3 \times 10^3 \times 10^3 = 10^9$ M^{-1}）となる。これは単なる和と比べ30万倍強の親和性増強だ。これがレクチン—糖鎖間でしばしば起こる「クラスター効果」と呼ばれる現象である。この結合力は抗原抗体反応のそれに匹敵する。

レクチンの結合は弱いとされるが、それは単糖や糖残基の極めて短い糖類に対してのみ当てはまることだ。糖残基が長さを重ねたり、分岐したり、同じタンパク質のポリペプチド鎖上に複数提示された場合、状況は一変する。

そのことを高等動物の糖脂質、糖タンパク質双方に共通して存在する N-アセチルラクトサミンユニット（Galβ1-4GlcNAc、以降、単にラクトサミン）を例に考えてみよう（図 5-15）。

ラクトサミンは糖タンパク質や糖脂質上にしばしば繰り返し登場するが、これを認識するレクチンの結合力や特異性が飛躍的に向上することがある。たとえば、ラクトサミンを基本認識糖とする代表的な内在性レクチンであるガレクチンのうち、ガレクチン-3 やガレクチン-9 のレクチンドメインは、ポリラクトサミン（ラクトサミンが繰り返され鎖上に伸びた構造）に対し、相乗的に親和性が上昇する（図 5-16）。

ただし、他のガレクチンではそのようなことはない。つまり、ガレクチン-3 や 9 が、特にポリラクトサミンに対し強く結合するように進化したのだろう。一方、ガレクチン-1 や 2 では、ラクトサミンの繰り返しに対する親和性向上はないものの、分岐したNグリカンなどでラクトサミンが2単位以上提示された構造に対し、相乗的な親和性向上を示す。逆に、

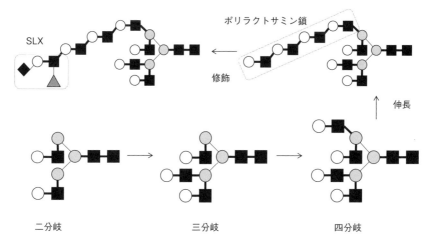

図 5-15 哺乳動物糖鎖構造に頻繁に見られるラクトサミン構造の類型

ラクトサミンは乳糖（ラクトース、Galβ1-4Glc）と類似した構造で（Galβ1-4GlcNA）、高等動物に普遍的にみられる。この二糖単位の構造は糖タンパク質、糖脂質いずれの構造体中にも、「繰り返し」や「分岐」を伴って出現することがあり、レクチンとの相互作用上、重要な役割をしていると考えられる。また、ラクトサミンが繰り返されると（ポリラクトサミン）、単にラクトサミン単位が増えるだけでなく、そこにフコースやシアル酸、硫酸などの修飾が起こりやすくなる。図ではNグリカンのマンノースの6位からポリラクトサミン鎖が伸び、先端にSLX構造が生成した例を示す。

先のガレクチン-3や9には分岐ラクトサミン含有Nグリカンに対する相乗効果はない。

　このときどのようなレクチン—糖鎖間相互作用が起こっているのだろうか。これは、X線結晶解析によるアプローチから説明できる。**図 5-17** はイギリスのグループが、ウシガレクチン-1と2本鎖の複合型Nグリカンとの複合体の結晶構造を報告した例である。最少の分岐数であるにもかかわらず、レクチン—糖鎖間の結合パターンはまるで曼荼羅模様のようだ。

　このように、レクチンと糖鎖の相互作用は、実は大変精緻な規則に律せられている。分岐や反復した構造に対しレクチンは抗原抗体結合のそれに匹敵するほど、選択性が高く強固な結合を生み出す。

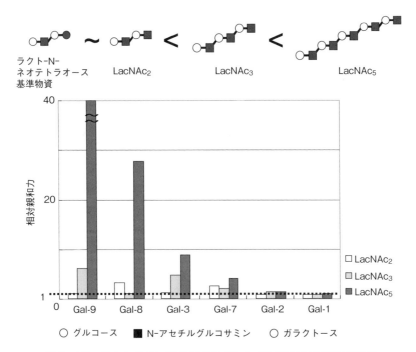

図 5-16 ラクトサミン鎖伸長が各ガレクチン親和力に与える影響

ラクト-N-ネオテトラオースを基準物質としたとき、ラクトサミン繰り返しが各ガレクチンに対しどの程度親和性増強するかどうかを、前端分析で調べた結果。
出典：J. Hirabayashi ら（2002）*Biochim Biophys Acta*[24] を参考に作成

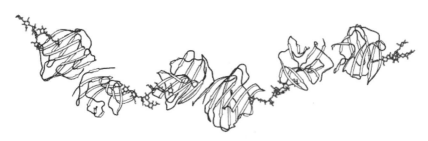

図 5-17 ウシガレクチン-1（2量体）と2本鎖複合型Nグリカンの複合体構造
出典：Y. D. Lobsanov, J. M. Rini（1997）*Trends Glycosci Glycotechnol*[25]

第6章

レクチン関連技術

❖ 6-1　レクチンの特異性解析 – I：平衡透析法

　本章では、レクチンの特異性解析法、レクチンを利用した技術、レクチンの進化工学について述べる。レクチンの最大の特徴は糖に対し特異的に結合することである。したがって、特異性解析はレクチンの研究では基幹をなす重要な部分だ。以下、いくつかの方法について概説する。

　平衡透析法は、古くからタンパク質と低分子リガンド、基質アナログなどとの結合力を定量的に解析するために用いられてきた。名前の通り、透析膜を用いて、平衡状態になった時点で各分子の濃度を算定し、結合定数を求める。レクチン（L）と糖鎖（S）間の結合定数（K_a）は以下の式で定義される。

$$K_a = [LS]/[L][S] \qquad \cdots\cdots 式（1）$$

　ここで、[LS]はレクチン・糖鎖複合体の濃度（M）、[L]は遊離レクチンの濃度（M）、[S]は遊離糖鎖の濃度（M）である。また、結合定数と解離定数（K_d）は逆数の関係にある。

$$K_d = 1/K_a = [L][S]/[LS] \qquad \cdots\cdots 式（2）$$

　レクチン・糖鎖間の解析では、透析チューブ等密閉した容器内に、濃度既知のレクチン溶液を入れ、これを一定濃度のオリゴ糖溶液に対し透析操

作を行う。一定温度で平衡に達した後、レクチンに結合したリガンドと結合していない遊離状態のリガンド量を求める。しかし、通常両者の区別が困難なため、間接的に値を求める。

遊離リガンドが透析膜を自由に通過できれば、平衡到達後、透析膜の両側で低分子リガンドの濃度は同一となる。異なる条件で得られたデータからは、結合定数や結合サイト数、また結合能などの情報を導き出すことができる。平衡透析法の概略を図6-1に示す。

この手法は原理が明快で操作も簡便である一方、糖鎖やレクチンが高価な場合、500 mLのビーカーなどを使って大きな実験系を組むことはできない[注2]。このため、ミクロスケールで行える方法も考案されているが、再現性や操作性に熟練を要し、効率が悪い。とはいえ、生体物質間相互作用の平衡定数の重要性を考えるとき、本法は相互作用解析法の原点である。

注2) たとえば、現時点でラクトース（乳糖）はミルクから大量調製できるので、100 gで38,000円と安価だが、ラクトースがアセチル化されたN-アセチルラクトサミンでは5 mgで15,000円（gあたり300万円）である。

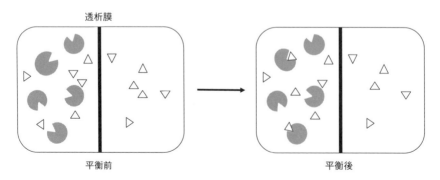

図6-1　平均透析法の概略

タンパク質は分子量が大きいため、透析膜を透過できないが、分子量の小さなオリゴ糖は自由に通過できる。この性質を利用して、平衡下における遊離オリゴ糖とレクチンと結合状態にあるオリゴ糖の割合を算定する。

❖ 6-2　レクチンの特異性解析 – II：赤血球凝集阻害試験

　赤血球凝集アッセイについてはすでに 5-2 節で述べた。赤血球凝集阻害試験は赤血球凝集を阻害する糖の濃度を比較して、レクチンがどのような糖に親和性を示すのかを知る半定量法だ。レクチンを組織などから抽出し、スクリーニングする際には大変便利だ。粗抽出物に適用できる方法は少ない。

　この手法はレクチンが多価で細胞同士を架橋することを前提とする。したがって、架橋する能力のない単価のレクチンや、糖結合ドメインの他に別の構造ドメインがあり、多量体を作りにくい構造の分子には適用できない。そして、赤血球表面の糖鎖構造が動物種によって大きく異なる点に留意すべきだ。

　操作にあたって、あらかじめレクチン溶液（抽出物など）の力価を 5-2 節で述べた赤血球凝集活性で測定しておく。たとえば 32 titer^{-1} の力価が得られたとすると、その原液の 32 倍希釈溶液を調製する。この希釈液は、あと 2 倍希釈したら凝集を示さない限界希釈液（力価：1 titer^{-1}）となる。

　次に、10 ～ 100 mM 程度の糖溶液を用意し原液とする。この原液を 1/2、1/4、1/8 と順次倍々希釈した希釈系列を作り、そこに、最低の凝集活性を示す濃度に希釈したレクチン溶液と、終濃度 1% 程度の赤血球懸濁液を加える。糖に阻害活性があれば、凝集マットがドットに変わるという仕組みだ。阻害活性が強い糖の場合ほど、高い希釈倍率まで、赤血球は「ドット」を示す（図 6-2）。

　凝集阻害を示した最低の糖濃度を 50% 阻害濃度（I_{50}）と呼ぶ。この I_{50} は結合定数と反比例の関係にあるため、その逆数は相対親和力を表す。図 6-2 で最低の阻害活性を示したメリビオースの相対親和力を 1 とすると、β メチルガラクトシド、α メチルガラクトシド、乳糖の相対親和力は、それぞれ 2、4、64 となる。

　赤血球凝集阻害試験は複雑ではあるが、他の方法で求めた結合定数と高い相関がある。**表 6-1** には C. F. Brewer（ブリュワー）たちが測定した、

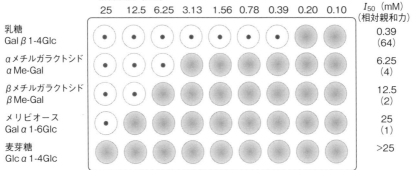

図 6-2　赤血球凝集阻害試験のイメージ図

レクチン（赤血球凝集素）を含む溶液を力価 =1（さらに 2 倍希釈すると凝集できなくなる濃度）に調製し、これに倍々希釈系列の各種糖溶液を添加し、凝集の阻害を示すエンドポイントを査定する。阻害ドットが右まで伸びている糖ほど、レクチンに対する親和性が高い。

表 6-1　ConA と合成糖鎖間の結合力比較

	ITC $K_a(M^{-1} \times 10^{-4})$	赤血球凝集阻害試験 $I_{50}(\mu M)$
化合物 1 (Man$_3$)	39 (1)	28 (1)
化合物 2 (Man$_6$)	250 (6)	5.0 (6)
化合物 3 (Man$_9$)	420 (11)	2.6 (11)
化合物 4 (Man$_{12}$)	1,350 (34)	1.0 (29)

カッコ内の値は化合物 1 を基準にした場合の相対親和力。
出典：T. K. Dam ら（2000）, *J Biol Chem*[3]、および T. K. Dam ら（2002）*Biochemistry*[4] より。

ConA とマンノース含有合成糖鎖（4 種、カッコ内は 1 分子中におけるマンノース残基の個数）の結合力について、ITC（次節）と凝集阻害試験による結果の比較を示す。

6-3　レクチンの特異性解析 – III：等温滴定カロリメトリー

　レクチンや糖鎖に限らず生体分子間で結合が起こると、発熱または吸熱現象が起こる。等温滴定カロリメトリーはこの微小な熱量を測定し、各熱力学的パラメータを算出、そこから次の式（1）に基づいて結合定数（K_a）

を導き出す方法だ。英語で isothermal titration calorimetry というため、しばしば ITC と呼ばれる。

$$\Delta G = \Delta H - T\Delta S = -RT\ln K_a \qquad \cdots\cdots 式（1）$$

　ここで、ΔG は絶対温度 T における Gibbs の自由エネルギー変化、ΔH はエンタルピー変化、ΔS はエントロピー変化である。実際の温度変化は数百万分の1℃と極めて微小であるため、それに適う精度をもった装置をとくにマイクロカロリメータと呼ぶ。近年、用いられている ITC 装置はほぼすべてこのマイクロカロリメータである。

　ITC の利点は、1回の測定ですべての結合パラメータを同時に測定できること、糖鎖やレクチンの標識や固定化が不要であることなどである。そのため、天然状態に近い環境下での結合状況を精査することができ、結合メカニズムを高次構造の観点から解析する際に役立つ。

　装置の概要を図 6-3 に示す。装置内部にサンプルセルとリファレンスセル（対照の水を入れる）が断熱ジャケットを介して組み込まれている。マイクロカロリメータではこれら2つのセルを完全に同じ温度に維持する。結合によって吸熱または発熱が起こると、熱伝導センサーが感知し、これらセル間の温度差をゼロにするようにヒーターが働く。

　測定には、まず、リファレンスセルとサンプルセルを目的の測定温度に設定する。濃度既知のレクチンが入ったサンプルセルに、糖鎖溶液を高精度のインジェクターを介して段階的に沈入していく（滴定）。

　リガンド滴定の進行に沿ってサンプルセル中の標的分子の結合サイトが次第に飽和されていく。熱シグナルは徐々に減少し最終的にリガンドの希釈熱のみが観測されるようになる。結合反応が完全に平衡状態に達すると測定は終了である。装置はその間に生じた全ての熱量変化を測定するが、この熱量は結合量と比例する。

　ΔH は滴定曲線下の総面積から、結合定数は図 6-3 の滴定曲線の傾きとして得られる。式（1）より ΔG と ΔS が間接的に算出される。この解析法を駆使し、数多くのレクチンの解析を行っているのが T. K. Dam（ダム）

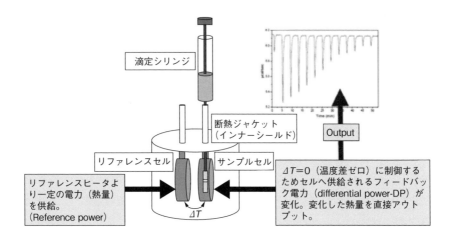

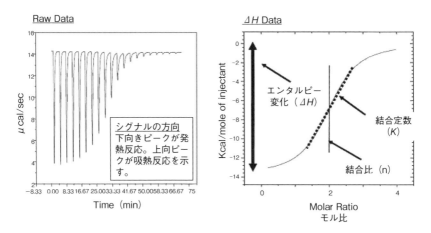

図6-3 等温滴定カロリメトリー(ITC)の測定原理
出典:東京大学・津本浩平博士作成によるサイト[5]から転載

とC. F. Brewer(ブリュワー)である。是非読んでほしい参考文献を挙げておく[6]。

❖6-4 レクチンの特異性解析 -IV:前端分析法(FAC)

フロンタル・アフィニティ・クロマトグラフィー(frontal affinity

chromatography、以下FAC）は生物学的親和力に基づく生体分子間の相互作用を定量的に解析する手法で、笠井献一博士が開発した定量アフィニティ・クロマトグラフィーである。

FACは前端分析法とも呼ばれる。生体物質間の相互作用を解析する方法の多くが、抗原・抗体間のような強い相互作用、すなわち解離定数（K_d）の小さい組み合わせを対象としている。解離定数が1 mM程度の弱い結合を高精度で解析できる方法は少ない。

FACは糖鎖とレクチン間の相互作用解析にとくに適した手法である。FACでは相互作用する2つの生体分子A, Bに着目する（図6-4）。まず、B（リガンド、ここではレクチン）を適当な濃度で固定化したアフィニティ担体をカラムに詰め、そこに一定濃度［A］₀（M）に希釈したA（アナ

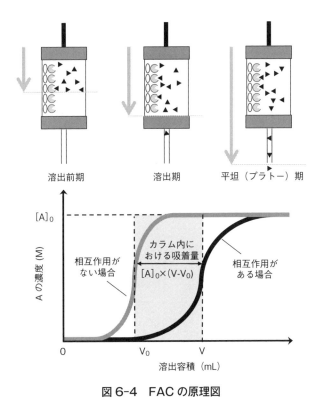

図6-4　FACの原理図

出典：平林淳（2015）『糖鎖の新機能開発・応用ハンドブック～創薬・医療からヘルスケアまで』[7]

ライト、糖鎖）をカラム体積に対し過剰容量（容積にして10倍以上）流し続ける。このとき、カラム流速はカラム内の動的平衡が十分保たれる程度にゆっくりと流す。もし、AとBがまったく相互作用しなければ、Aはただちにカラムから溶出され、その濃度は$[A]_0$に達する。溶出の「前端」に相当する位置（V、mL）がFACにおける測定値となる。

AがBと相互作用する場合、Aの溶出前端は相互作用がない場合（V_0）と比べ、（$V-V_0$）（mL）だけ遅れて観察される。このとき、AB間の解離定数K_dと（$V-V_0$）間には以下の関係が成り立つ。

$$K_d = B_t/(V-V_0) - [A]_0 \qquad \cdots\cdots 式（1）$$

ここで、B_tはBを固定化したカラム中におけるBの有効リガンド量（mol）である。

さて、式（1）を変形すると次の式（2）が得られる。

$$V - V_0 = B_t/(K_d + [A]_0) \qquad \cdots\cdots 式（2）$$

これは酵素動力学で知られるMichaelis-Menten（ミカエリス-メンテン）式と本質的に同一で、相互作用に関する有用な情報を含む。$[A]_0$の値を限りなく小さくしていったとき（$[A]_0 \fallingdotseq 0$）、観察される$V-V_0$値（最大の遅れ値）はB_t/K_dに近づく。すなわち、糖鎖リガンドとして蛍光標識体を用いるような状況では、ほとんどの場合、式（3）の条件（$K_d >> [A]_0$）が成り立つ（レクチンのオリゴ糖鎖に対する結合力は弱く、一般に$K_d > 10^{-6}$M）。

$$V - V_0 = B_t/K_d \qquad (K_d >> [A]_0) \qquad \cdots\cdots 式（3）$$

また、式（3）から、結合力が2倍（あるいはB_t値が2倍）になれば、遅れの程度（$V-V_0$）も2倍になることがわかる。一方、$[A]_0$がK_d（M）と同じとき、

$$V - V_0 = B_t/2K_d = (V - V_0)_{Max}/2 \qquad \cdots\cdots 式(4)$$

となる。このことは、K_d 値と同じ濃度の糖鎖を流したとき、溶出の遅れが最大値 $(V-V_0)_{Max}$ のちょうど半分になることを意味する。レクチン固定化の際の目安にしよう。

　FACで守らなければならない大切なことが1つある。それは動的平衡を保つことだ。たとえば、リガンドを流す際の流速を速くしすぎるとカラム内の固定相と移動相間での平衡が成立しない。FACの基本式（1）は動的平衡の成立が前提である。一般に、温度が高くなると平衡に達する時間は短くなるが、結合力は低くなる。

❖ 6-5　レクチンの特異性解析 – V：高性能 FAC

　前述のFACにも課題があった。スループット（処理力）の低さである。初期にはレクチンを固定化したアガロースカラム（1 mL 程度）と放射性標識した糖鎖を用い、ほぼ1日をかけて1回の解析をしていた。そのスピードアップを図るべく、著者らは高性能液体クロマトグラフィー（HPLC）との融合を図った（図6-5）。

　FAC操作の特徴の1つはアフィニティ・クロマトグラフィーでありながら、分析試料をカラム体積に対し過剰量流すことである。このためにHPLCのガードカラムとして用いられているミニチュアカラム（内径4 mm、長さ10 mm、体積約126 μL）を用い、レクチン固定化樹脂を詰めた（カラム長に比べ内径が大きく背圧はかからないため、市販のアガロース系樹脂を流用）。これに大容量（2 mL）のサンプルループをつなぐと、カラム体積に対し過剰容量の糖鎖溶液を流すことができた。

　糖鎖に関してはピリジルアミノ（PA）化された蛍光標識糖鎖（タカラバイオ、増田化学工業などから市販）を活用した。PA糖鎖は励起308 nm、蛍光380 nmという波長特性を持つが、安定性が高く、また糖鎖の還元末端（ヘミアセタール基）を特異的に修飾するため、定量解析に適し

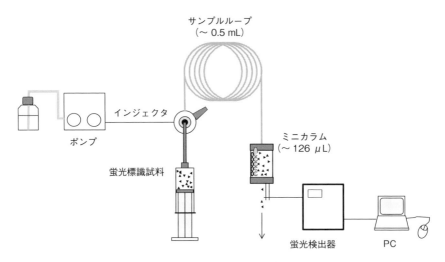

図 6-5　高性能 FAC の概要

高性能 FAC は汎用型のアイソクラティック溶出用 HPLC 装置があれば簡単に構築できる。ガードカラムとして市販されているミニカラム（内径 4.6 mm、長さ 10 mm、体積 126 μL）に、大型のサンプルループを介して希釈した蛍光標識糖鎖を注入する。蛍光検出して得られた溶出曲線をコンピュータでデータ解析して、対照物質に対する溶出前端の遅れの程度（$V-V_0$）を計測する。
出典：平林淳（2015）『糖鎖の新機能開発・応用ハンドブック～創薬・医療からヘルスケアまで』[7]

ている。感度は汎用型の蛍光検出器で 1 nM 程度であるため、前節で述べた式 (3) の条件（$K_d \gg [A]_0$）を満たす。また、動的平衡を維持するため、流速を 0.25 mL/min に設定した（線速度 0.33 mm/sec に相当）。

2003 年、著者らは分析メーカーと共同で FAC 自動分析装置を開発し、2 式のカラムを相互に分析するシステムを考案した（島津製作所にて受注生産）。解析報告は論文数にして 100 報にせまり、解析対象もガレクチン、C 型レクチン、植物レクチン、キノコレクチンなど多岐に及ぶ。FAC 自動分析については詳細なプロトコールが報告されており、得られたデータは糖鎖統合データベースの一環として、レクチン・フロンティア DB（LfDB）というサイトに公開されている[12]。

あらゆる構造の糖鎖が自由、かつ安価に手に入るのであれば、ITC は無敵の解析法だろう。しかし、未標識で構造の複雑な糖鎖を多種類手に入れることは容易ではない。糖鎖の分離、精製に蛍光標識は不可欠だ。その

点、長谷純宏博士の開発したピリジルアミノ化法は糖鎖の微量分析と高分離を実現させたすばらしい手法だ。その利点を高性能FACはそのまま活用している。

❖ 6-6　レクチンの特異性解析 – Ⅵ：糖鎖アレイ

21世紀に入ってゲノムワイドな研究手法が大きく展開したが、それと歩調を合わせるかのように、糖鎖・レクチン関連研究に関しても高スループットで迅速・簡便な解析法が開発されるようになった。その代表格が糖鎖アレイである。これは2000年に設立された米国 Consortium for Functional Glycomics（CFG）の活動実績と関係する。

糖鎖アレイとは、多種多様の標準糖鎖（純度、構造が明確に規定されたもの）がガラス基板などに固定化されたアレイプラットフォームである。その発想はすでに20世紀末頃にあったが、数百種に上る高純度の標準糖鎖を調製するのは容易ではない。しかし、CFGは国家戦略の一環としてそれを成し遂げた。

最初は比較的単純な低分子のオリゴ糖鎖に限られていたが、次第に複雑な糖鎖の調製とガラス基板への固定化が可能となった。その結果、あらゆる糖結合タンパク質（レクチン、抗糖鎖抗体、ウイルス由来凝集素等）の糖特異性に関する情報が、網羅的に得られるようになった。これはたいへん画期的なことである。

糖鎖アレイにも課題はある。第一に、固定化された糖鎖の量が正確にはわからない。したがって、得られるシグナル値には定量性がない。また、各糖鎖に対する親和力の相対比較はできるが解離定数（K_d）や結合定数（K_a）に変換できない。これは糖鎖アレイの原理的な欠陥だが、より本質的な問題は感度の低さである。

著者らは2005年、糖鎖プロファイリングを実現すべく、エバネッセント波励起蛍光法に基づくレクチンマイクロアレイの開発を手がけた。その結果、弱い糖鎖とレクチンの相互作用でも、洗浄操作なしに、迅速、簡便、高感度に解析できるようになった（第8章参照）。舘野浩章博士らは、糖

鎖とレクチン間の相互作用がアレイ基板上で、より迅速かつ強固に起こるよう、アレイ上に固定する糖鎖としてポリマー上に配置した「糖鎖ポリマー」を用いた。

　糖鎖ポリマーは、ロシアアカデミーのN. Bovin（ボビン）が開発していた。これは分子量2,000程度のポリアクリルアミド（PAA）にさまざまな種類の合成糖鎖を共有結合させたポリマー分子である（図6-6）。舘野らはこのポリアクリルアミド糖鎖複合体に加え、性質のよく調べられた各種糖タンパク質、およびそれらに各種グリコシダーゼ消化を施したものを糖鎖アレイに加えた。

　このようにしてできた糖鎖複合体アレイの性能は期待以上だった。市販

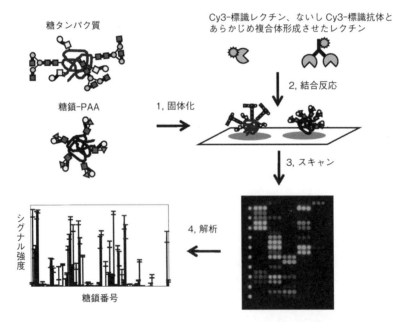

図6-6　糖鎖複合体マイクロアレイの操作概要

糖結合タンパク質（レクチンや抗糖鎖抗体）の糖結合活性を調べるため、糖鎖構造の明らかな糖タンパク質や糖鎖ポリマーをガラス基板上に固定化し、ここに、Cy3などで蛍光標識した糖結合タンパク（GBP）を反応させる。GBPとCy3標識した特異抗体をあらかじめ複合体形成させてもよい。結合はエバネッセント波励起蛍光検出法で直接測定するため、弱い結合を剥がしてしまう洗浄操作はいらない。

出典：H. Tatenoら（2008）*Glycobiology*[14]

植物レクチン（RCA120、ConA）、精製動物レクチン（ガレクチン、C型レクチン）などで予想通りの結合パターンを示したが、感度も極めて高かった（図6-7）。さらに、エバネッセント波励起蛍光法を検出原理に用いているため、被検体が精製されている必要もない。標識抗体を用いて特異的検出が可能なので実用上のメリットも大きい。

　一方、中北慎一博士らは糖鎖ポリマー以外の方法で、糖鎖複合体アレイの開発を手がけた（図6-8）。彼らは、蛍光標識糖鎖であるピリジルアミノ化糖鎖を、牛血清アルブミン（BSA）などへ導入可能とする化学変換を行った。BSAは糖鎖をもたないため、人工的に糖鎖を導入したこのタンパク質はネオグライコプロテインと呼ばれる。

　ネオグライコプロテインの発想は昔からあったが、その応用は単糖や二糖など、入手が容易で簡単な糖に限られていた。中北らが開発したのは、ピリジルアミノ化糖鎖という分離・分析に適した標準糖鎖をタンパク質に結合すべく誘導体化する技術である。

　ネオグライコプロテインを調製可能な糖鎖の数は限られるが、標的糖鎖が定まれば威力を発揮する。中北らは㈱レクザムが開発した小型エバネッセント波励起蛍光検出装置（スキャナー）と組み合わせて、各種ウイルスの糖結合活性の超高感度検出に成功している。

6-7　レクチンの利用 – I：細胞染色

　本節と次節ではレクチンの利用方法について述べよう。

　もっともよくレクチンが利用されるのは細胞や組織の染色である。レクチンは赤血球凝集作用を指標にして見つかった。最大の特徴はさまざまな糖鎖に対し異なる特異性を示すことだ。細胞ごとに構造が異なるという性質を利用して、細胞表面の糖鎖プロファイルをレクチン染色することで、抗体ではつかめない重要な糖鎖発現情報を得ることができる。

　細胞染色するには、レクチンをあらかじめ蛍光色素や金粒子で修飾し、結合反応、洗浄操作を行ったのち、それぞれ光学顕微鏡や電子顕微鏡で観察する。アビジンと強く結合するビオチンやパーオキシダーゼなどの酵素

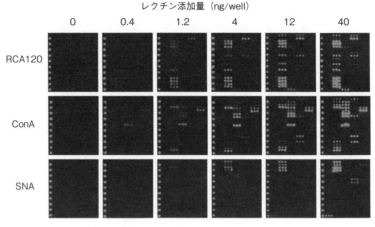
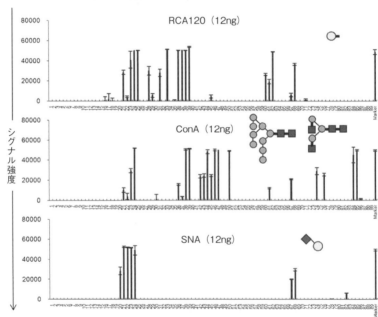

図6-7 糖鎖複合体マイクロアレイによる植物レクチンの解析

A. Cy3標識した代表的植物レクチン（RCA120、ConA、SNA）を、4～40 ng/mLの濃度に調整し、糖鎖複合体マイクロアレイに供した結果。B. 結果のシグナル値を縦軸に棒グラフ表示したもの。糖鎖構造については原著を参照のこと。

出典：H. Tateno ら（2008）*Glycobiology*[14]

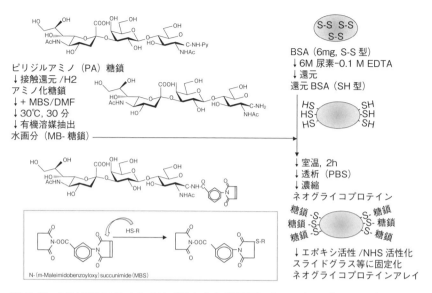

図 6-8　ピリジルアミノ化オリゴ糖から化学返還によってネオグライコプロテインを作成する手順と糖鎖複合体アレイへの適用

図における糖鎖（α2-3 シアリルラクトース）は例示で、トリ型インフルエンザウイルスの検出に応用可能。
出典：S. Nakakita, J. Hirabayashi（2016）*Methods Mol Biol* [16] を参考に作成。

で修飾する方法もよく用いられる。動画撮影することも可能だが、そのためには細胞などを培養した状態（固定化処理をせず）でレクチンとの結合をみる必要がある。操作法の詳細については専門書に譲るが[19]、**表6-2**に本用途によく用いられるレクチンとその特異性をまとめる。レクチン試薬を幅広く扱っている㈱J-オイルミルズのサイトにも有用な情報が多い[20]。

実験に際しては、真に糖鎖に対する特異的な結合による染色なのかを見極めることが重要である。このため、阻害糖を添加し染色が消失することを確認する、という手段がよくとられる。表6-2には阻害糖も合わせて記す。

レクチンと糖鎖の結合力が抗体と比べて弱いことを念頭におき、結合反応後の染色操作には注意する必要がある。1回の洗浄に要する洗浄液の容量、時間、回数の他、温度や用いるシェーカーの種類や回転速度も結合の解離に影響する。

ただ、5-11節で述べたように、レクチンと細胞表層糖鎖の結合がこと

表6-2 細胞・組織染色に用いられる代表的レクチンの特性

	レクチン名(略号) 生物起源(学名)	特異性 (阻害糖)
Man系	コンカナバリンA(ConA) *Canavalia ensiformis*	高マンノース型Nグリカン (α Me-Man, Man, Glc)
	ユキノハナレクチン(GNA) *Galanthus nivalis*	高マンノース型Nグリカン (Man)
GlcNAc系	小麦胚芽レクチン(WGA) *Triticum aestivum*	GlcNAc、シアル酸含有糖鎖 (キトオリゴ糖(GlcNAcβ1-4)$_n$)
	朝鮮朝顔レクチン(DSA) *Datura stramonium*	GlcNAc含有糖鎖、ポリラクトサミン (キトオリゴ糖(GlcNAcβ1-4)$_n$)
	ムジナ茸レクチン(PVL) *Psathyrella velutina*	GlcNAc、シアル酸含有糖鎖 (GlcNAc)
Gal/ GalNAc系	トウゴマレクチン (RCA-I/RCA120) *Ricinus communis*	Galβ1-4GlcNAc (ラクトース)
	デイゴレクチン(ECA) *Erythrina cristagalli*	Galβ1-4GlcNAc (ラクトース)
	ジャカリン(Jacalin) *Artocarpas integlifolia*	T(Galβ1-3GalNAcα)、Tn(GalNAcα) (GalNAc、Gal)
	ピーナッツレクチン(PNA) *Arachis hypogaea*	Galβ1-3GalNAcα/β (Gal、ラクトース)
	フジレクチン(WFA) *Wisteria floribunda*	GalNAcβ1-4GlcNAc (ラクトース、GalNAc)
Fuc系	緋色茶碗茸レクチン(AAL) *Aleuria aurantia*	Fucα1-2Gal, Fucα1-3/4/6GlcNAc (Fuc)
	ハリエニシダレクチン(UEA-I) *Ulex europaeus*	Fucα1-2Galβ1-4GlcNAc (Fuc)
	ロータス豆レクチン(LTA) *Lotus tetragonolobus*	Fucα1-3/4GlcNAc (Fuc)
Sia系	イヌエンジュレクチン(MAL) *Maackia amurensis*	Siaα2-3Galβ (3'-シアリルラクトース)
	日本ニワトコレクチン(SNA) *Sambucus nigra*	Siaα2-6Galβ (6'-シアリルラクトース)
	ヤナギマツタケガレクチン(ACG) *Agrocybe cylindracea*	Siaα2-3Galβ、HSO$_3$-3Galβ (3'-シアリルラクトース、ラクトース)
その他	インゲン豆レクチン-L(PHA-L) *Phaseolus vulgaris*	高分岐型Nグリカン (なし)
	インゲン豆レクチン-E(PHA-E) *Phaseolus vulgaris*	バイセクトGlcNAc含有Nグリカン (なし)

のほか強いことも多い。細胞上に標的糖鎖リガンドが最適の密度（密だが立体障害が生じない程度の間隔で）、細胞表層からの最適の距離・角度で提示された場合、多価のレクチンはクラスター効果で強固な結合を示す。このような場合、競合糖を用いても容易に結合を阻害できないこともある。

レクチン染色の解釈はときに難しい。マンノース結合性レクチンであるConAの結合があれば、そこに高マンノース系の糖鎖（一般にNグリカン）が存在すると予測するが、このレクチンは2本鎖型の複合型糖鎖にも結合する。また、それがどんなタンパク質に結合しているのかについてもわからない。

このため、細胞上の存在が予想される膜タンパク質に関する情報をあらかじめ調べ（遺伝子発現情報やプロテオーム解析、さらには文献情報など）、もし、その標的タンパク質に対する抗体が入手可能であれば、その抗体とレクチンによる共染色を行う。連続切片などを用い、レクチンと抗体、さらには核染色などを多重に行うことで得られる情報は多い。

現在、入手できる試薬としてのレクチン数は増加している。とくに、大腸菌などで生産された組換えレクチンの需要と供給が高まっている。組換えレクチンを用いて、多種多様の細胞株、品質の安定した組織標本などを共有し、細胞・組織染色するプロジェクトを立ち上げ、得られた染色像をデータベースとして公開すれば、様々な研究用途に使えるだろう。レクチン染色は古くて新しいアプローチなのだ。

❖ 6-8　レクチンの利用 – II：糖鎖分画

レクチンを固定化したカラムがあれば、FACのようにオリゴ糖との定量的相互作用解析に用いることもできるが、糖鎖や糖ペプチドの分画にも用いることができる。細胞染色法と同様、レクチンの特異性に応じ、対象となる糖鎖や糖ペプチドが、親和性の有無と強弱に応じて分画されていく。

この方法は質量分析技術がまだ十分発達していないとき、糖タンパク質に含まれる糖鎖の構造情報を大まかに分類するのに多用された。複数のレクチンカラムに、プロナーゼなどで徹底消化された糖ペプチド（最小は糖

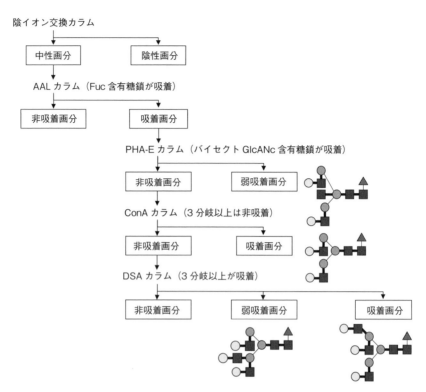

図 6-9 連続レクチンアフィニティークロマトグラフィーによる糖鎖の分画例
出典：M. Takamoto ら（1989）*J. Biochem*[21] を参考に作成

鎖のついたアスパラギン）を順次流していく。1番目のレクチンカラムに結合せず素通りした画分、溶出が遅れた画分、完全吸着したが比較的弱い溶離条件で溶出された画分、強く吸着した画分などに分けることもある。典型的な糖アミノ酸（アスパラギン酸）の分画例を図6-9に示す。

❖ 6-9 レクチンの利用 - Ⅲ：レクチン耐性細胞株

古くからいくつかの植物レクチンが動物細胞に対し毒性を有することが知られていた。その代表格が、第5章でもふれたリシンやインゲン豆レクチン（PHA）である。これら植物レクチンの細胞毒性のメカニズムは同

一ではないが[注3]、動物細胞上の特定の糖鎖に対する認識に依存していることは確かだ。感受性細胞の表面にはこれらのレクチンに対する受け手としての糖鎖が発現していることになる。

　細胞上の糖鎖は糖鎖関連遺伝子の発現によって多様化する。それらのいずれかが「怪我」を負えば、本来の糖鎖構造には成熟せず、糖鎖合成が停滞する。糖鎖合成に変異をもつ細胞の中には細胞毒性の感受性を失ったものが含まれるかもしれない。

　歴史的な発見はしばしば同時に別の場所で起こる。細胞毒性を有するレクチンを使って、これを回避する（耐性を獲得した）細胞を樹立する、という企てが、ほぼ同時に世界の3研究室で行われた。米国・ワシントン大学のS. Kornfeld（コーンフェルト）らはリシン耐性株をCHO細胞から、英国・国立医学研究所のC. Hughes（ヒューズ）らは同じくリシン耐性をベイビーハムスター腎（BHK）細胞株から、そしてカナダ・トロント大学のP. Stanley（スタンレー）らはPHA耐性のCHO細胞株を独自に開発していた。

　その後、レクチン耐性細胞株として記述されている一連のLecR株が主にスタンレーによって確立された。これは、糖鎖生物学の研究で不可欠な材料となっている（表6-3）。特に、Lec1、Lec2、Lec8変異株は公的に入手可能で有用な糖鎖欠損株である。

　Lec1変異株はPHA耐性をもつCHO細胞として最初に開発されたレクチン耐性株で、GlcNAc-TI（図3-3）の欠損による。このため、Nグリカンの複合型への移行が停滞し、ラクトサミン構造、分岐、シアル酸などによる修飾が起こらなくなる。逆にいえば、高マンノース構造、混成型構造が相対的に増加する。

　Lec2変異株はシアル酸の供与体であるCMP-Neu5Acの輸送体タンパク質（3-11節）の変異株である。糖鎖合成が行われるゴルジ装置内にはシアル酸が供給されない。このため、末端シアル酸が減少するとともにガラクトースの露出率が増加する。

　Lec8変異株はガラクトース供与体、UDP-Galの輸送体タンパク質の変異株で、ガラクトースが枯渇するため、ガラクトースのみならずこれを修

表 6-3 糖鎖合成関連遺伝子に欠損/欠格のあるレクチン耐性細胞株

株名	選別レクチン	欠損/欠格	表現系
CHO系			
Lec1	PHA, WGA RCA, LCA	GlcNAc-TI	複合型Nグリカンの減少 →$Man_5GlcNAc_2$の増加
Lec2	WGA	CMP-Neu5Ac輸送体	シアル酸の減少 →ガラクトース末端の増加
Lec4	PHA-L	GlcNAc-TV	Nグリカンβ1-6分岐鎖の減少
Lec8	WGA	UDP-Gal輸送体	ガラクトース末端の減少 →シアル酸の減少
Lec13	LCA, PSA	GDP-Man脱水酵素	フコースの減少
BHK系			
Ric^{R14}	リシン	GlcNAc-TI	複合型Nグリカンの減少 →$Man_5GlcNAc_2$の増加
Ric^{R15}	リシン	α-マンノシダーゼII	$GlcNAcMan_5GlcNAc_2$の増加
Ric^{R21}	リシン	GlcNAc-TII	$GlcNAcMan_5GlcNAc_2$の増加
MDAY-D2系			
KBL1	PHA	GlcNAc-TV	Nグリカンβ1-6分岐鎖の減少

＊表現系記載における「→」は主たる表現系の変化に伴い、相補的に出現する表現系の変化。

飾するシアル酸が減少する。

　これら変異株における糖鎖合成は単純ではなく、さまざまな補償機構が働く。たとえば、Lec2変異株ではシアル酸の修飾が低下する一方、ガラクトースの露出率が高まる。Lec8変異株ではガラクトースの取り込みが低下するため、マンノースやGlcNAcの露出が高まる。Lec1変異株では複合型への移行がほとんど停止するため、ガラクトースやシアル酸含有のNグリカンが消失するとともに、高マンノース型や混声型のNグリカンが増加する。

　ちなみに、糖鎖構造の欠失や減少により、レクチン結合能を消失したものは、機能欠失型変異（loss-of-function）と呼ばれる。逆にレクチン結合能を新たに獲得する場合もあり（レクチン結合の相補性）、機能獲得型変異（gain-of-function）という。ただし、ここでいう"loss"と"gain"はレクチン結合能に関する観点であって、レクチン耐性という観点からす

ると、前者はgain（耐性獲得）、後者はloss（耐性喪失）となる。求核反応と求電子反応、供与体と受容体も同様に相補的な関係となる。

注3) リシンの毒性は6-6節で述べたように、リボソームを不活性化するRNA-N-グリコシダーゼ（RIP活性の本体）に基づくもので、他の植物レクチン（インゲンマメレクチン、ConA、小麦胚芽レクチン）と比べ1,000倍強い。

❖ 6-10　レクチンの進化工学

　自然界にはさまざまなレクチン分子が存在する。特異性もさまざまで、分子構造も極めて多様である。そのようなレクチンがすべて入手可能かというと必ずしもそうではない。また、目的の特異性をもったレクチンが常に自然界に存在するとも限らない。

　レクチンの利点は、どのようなタンパク質家系であろうと、分子構造が比較的単純で、抗体（IgG～15万、IgM～90万）などと比べて低分子（分子量1～3万）であるということだ。扱いが容易で、安定性も高い。低分子であることは、分子改変にも有利である。

　もし、入手可能な天然レクチンでは賄えないレクチンを、さまざまな観点から「分子改良」することができれば、レクチンの用途は高まる。その方法として考案されているのが分子進化工学である。現時点では、特異性の改変に興味が集中しているが、将来的には安定性や至適pH、生産性など産業的な用途を念頭に入れた開発も重要になるだろう。

　進化工学法は、第1段階の変異導入（部位特異的点突然変異、ランダム点突然変異、ドメインスワッピングなど）、第2段階の変異体ライブラリーからの目的変異体の選択からなる（図6-10A）。後者の選択法にはさまざまあり、ファージ提示法、リボソーム提示法、mRNA提示法などだが、それぞれ一長一短がある。さらなる方法論の開発も行われている。

　以下、著者らのグループでこれまで取り組んできたリボソーム提示法によるレクチンの特異性改変について述べる（図6-10B）。ミミズ由来29 kDaレクチンのC末端ドメイン（EW29Ch）にエラー導入PCRという方

法で，読み枠に対し平均6塩基程度の置換を導入し，そのなかから，硫酸化ガラクトースに対する親和性をもった変異型レクチンを創出した．

　EW29Chというレクチンドメインを選択した理由は，第一にR型レクチン家系に属し，さまざまな特異性をもった天然型レクチンの存在が知られていたこと，第二にガラクトースの6位の修飾に対し寛容であるというデータがあったことによる．したがって，目的の6'-硫酸化ガラクトースに対する変異体取得が期待できた．

　変異レクチンライブラリーに対し，6'-硫酸化ラクトサミン固定化ビーズ（6'-sulfo-LN-beads）を用いたスクリーニングを2回実行したところ（図6-11A），解析した20クローン中，14クローンで同一のアミノ酸への変異が観察された（図6-11B）．すなわち，EW29Chにおける21番目のアミノ酸（Glu）が14クローンではいずれも塩基性アミノ酸であるLysに置換していたのだ．

　このように，たまたま選択したクローンで共通の変異がみられること，さらに，スクリーニングに用いた6'-硫酸化ラクトサミンと塩基性アミノ酸（Lys）の間に相関が期待できたことから，代表的なクローン（#4）について先述の糖鎖複合体アレイを用いて特異性を調べた．その結果，ラクトサミンに対する親和性の低下と6'-硫酸化ラクトサミンに対する特異的な親和性上昇が認められた（図6-11D）．

　また，上記14クローンでGlu21 → Lys以外の変異をもっていたものは，いずれも6'-硫酸化ラクトサミンに対する親和性はなかった（図6-11C）．進化工学では誤って選択されてしまう偽陽性の割合が高いが，今回新規親和性を獲得したクローンの割合が14/20（70%）と高率だったことは特筆される．この結果から糖鎖複合体アレイの威力も実証された．

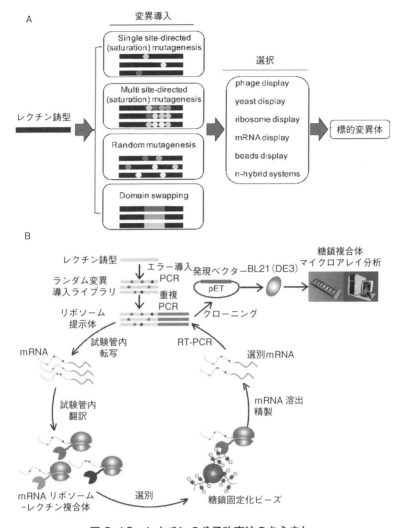

図 6-10 レクチンの分子改変法のあらまし

A. 変異導入とスクリーニングによる目的変異体の選択。それぞれにさまざまな方法が考案されている。
B. リボソーム提示法によるレクチンの特異性改変（著者らの研究室での例）。ランダム変異が適当頻度で起こるような条件を設定しポリメラーゼ連鎖反応（PCR）を行った後、リボソーム RNA と融合した形で変異 mRNA を in vitro 発現。その後、リボソームに変異タンパク質が提示された状態で、目的の変異体を糖鎖固定化ビーズで選択。mRNA を抽出後 cDNA に変換し大腸菌用発現ベクターにクローン化して、配列解析と変異体タンパク質の特異性解析を行う。
出典：D. Hu ら（2015）*J. Molecules*[23]

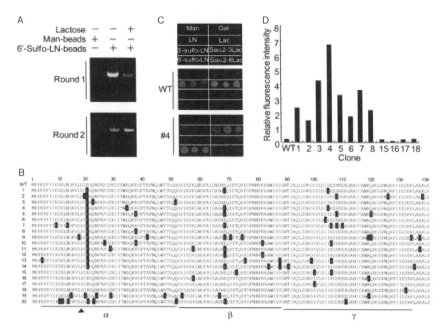

図6-11 リボソーム提示法によるガラクトース結合性レクチンの改変例

ミミズ由来29 kDaレクチンC末端ドメイン(EW29Ch)にエラー導入PCRを行い、得られた変異レクチンライブラリーから、ラクトース競合糖存在下で、6'-硫酸化ラクトサミンに対するスクリーニングを2回行った(A)。配列を解析した20クローンのうち、14クローンで共通のアミノ酸変異(21位 Glu → Lys)がみられ(B)、うち糖結合特異性を調べた8クローン(1〜8)すべてに、6'-硫酸化ラクトサミンに対する親和性獲得が確認された(C、D)。
出典:D. Hu ら (2012) *J Biol Chem*[23]

第7章

レクチン各論

❖ 7-1　R 型レクチン

　本章では、代表的なレクチン家系にまつわるいくつかのトピックを紹介する。レクチン家系には多様な特異性を示すものもあれば、ガレクチンのようにガラクトースにだけ特異的なものもある。ここでは、前章「糖の起源」で触れたグルコース、マンノースからガラクトースへの階層性を念頭に、7つのレクチン家系について述べる。まずは、歴史の古いR型レクチンからはじめよう。

　第1章で述べたように、最初のレクチンは、1888年スティルマルクに発見されたR型レクチン、リシンだ。このレクチン家系の特徴は歴史の古さだけではない。動植物のみならず、微生物にまで広い分布を示すという点だ。

　R型レクチンはレクチンドメイン単独で存在することもあるが、他の構造ドメインと連結していることが多い。これは、糖鎖関連酵素のデータベースCAZyにCBM（carbohydrate-binding module）13として見いだすことができる。L型レクチンやC型レクチンなど、今では古典的レクチンといえるものでCBMにレクチンドメインを見いだせるものはほとんどない。広い生物分布と構造多様性がR型レクチンドメインの最大の特徴だ。

　R型レクチンはβトレフォイルと呼ばれるアミノ酸残基数100強のドメインからなる。タンパク質家系の分類（Pfam）では、R型レクチンドメインが繰り返す直列反復型のPF00652と、それを繰り返さないPF14200に区分される。前者はおのずと多価であるためレクチン凝集素として特化

している（**表 7-1**）。

　非反復型のPF00142はR型レクチンドメインの繰り返しをもたない。その代わり、一次構造上、別の構造ドメイン（バクテリアの水解酵素や多細胞動物のGalNAc糖転移酵素など）と連結している。R型レクチンドメインの糖特異性は、酵素等を適切な場へと導く、いわば細胞が提供するガイドといえる。リシンやRCA120なども、RNA N-グリコシダーゼ活性をもつ別の構造ドメインを先導する点で類似するが、ジスルフィド結合を介しているので、反復型に分類される。

　R型レクチンドメインは100残基強のアミノ酸からなると述べたが、これはさらに3つのサブドメイン（α、β、γ）に分かれる。βトレフォイ

表 7-1　R型レクチンの特性

1）直列反復型*	
• Pfam クラン	CL0004
• Pfam（PDB登録数）	PF00652（120）
• CAZy	CBM13
• 立体構造 fold	βトレフォイル（直列反復）
• 生物分布	動物、植物、真菌、細菌、ウイルス
• 糖特異性	多様（シアル酸、ガラクトース、マンノースなど）
• 金属要求性	なし
• 代表的レクチン、およびレクチンドメイン含有タンパク質	リシンB鎖、アブリンB鎖、ヤドリギレクチンB鎖、ニワトコレクチン（SSA, SNA）、ヒロチャワン茸レクチン（TJA-I）、ミミズレクチン（EW29）、グミレクチン（CEL-III）、アクチノヒビン（放線菌）
2）非反復型	
• Pfam クラン	CL0004
• Pfam（PDB登録数）	PF14200（62）
• CAZy	CBM13
• 立体構造 fold	βトレフォイル
• 生物分布	動物、真菌、細菌、ウイルス
• 糖特異性	多様（シアル酸、ガラクトース、マンノースなど）
• 金属要求性	なし
• 代表的レクチン、およびレクチンドメイン含有タンパク質	クロストリジウム凝集素（HA33）、シバフタケレクチン（MOA）、マンノース受容体（MR）　N末端ドメイン、多細胞動物（線虫、哺乳類）ppGalNAc転移酵素C末端ドメイン、カイコリポタンパク質（Bmlp6）C末端ドメイン

ル（βシートからなる三つ葉模様の意）と呼ばれるゆえんだ。各サブドメインは、それぞれGly・・・Gln・Trp（・は任意のアミノ酸）といった特徴的な配列をもつ。進化の過程で30アミノ酸程度の原始的配列が遺伝子重複で3倍化したことが予想される。最初から糖結合活性があったのかどうかはわからない。ただ、いくつかのR型レクチンのβサブドメインは糖結合活性をもたない。

R型レクチンの多様な分子構築様式と特異性は、人工的な分子改変への潜在力を示す（6-10節）。そのことを著者が1998年に見つけたミミズのガラクトース結合性レクチン（EW29）を例に述べてみたい。

EW29は、14.5 kDaのR型レクチンドメインが2回繰り返す直列反復型のレクチンだが、N末端ドメインにはほとんど糖結合活性がない。そこで、C末端側半分だけのR型ドメイン（EW29Ch）について改変を行った。改変にあたっては以下のことがらを念頭に置いた。

1) R型レクチン家系には$α2$-6シアル酸に結合性を示すレクチンが植物（SSA、SNA、TJA-I）やキノコ（PSL）に多く存在する。
2) シアル酸結合レクチンの多くはガラクトース特異的なものであり、そのサブサイト特異性としてのシアル酸認識能が進化で特殊化したと考えられる。
3) RCA120はラクトースに高い親和性を示すレクチンだが、$α2$-6シアル酸で修飾された6'-シアリルラクトース（Sia$α2$-6Gal$β$1-4Glc）にも結合する。
4) RCA120をはじめとするR型レクチンで3'-シアリルラクトース（Sia$α2$-3Gal$β$1-4Glc）に結合するものはない。
5) R型レクチンのガラクトース結合サイト近傍をみると、3-OHの認識が必須なので、シアル酸の置換を許容しがたい。一方、6-OHは認識に関わっておらず、シアル酸等による置換を許容する余剰スペースがある。

6-10節で述べたエラー導入型PCRでEW29Chの変異体ライブラリー

を調製したところ，6'-シアリルラクトースに対する親和性を獲得したクローンを得た．その構造解析の結果を図7-1に示す．

解析の結果，予想外のことがわかった．野生型EW29Chは，αとγサブドメインがラクトースに対する結合活性をもっていたが（図7-1），進化工学で得られたSRC変異体では，γサブドメインに導入された5か所の変異のため，その活性が失われていた．よく調べると，この変異のうち239位におけるGly→Ser（S239），およびαサブドメイン148位におけるGlu→Gly（G148）によって，新たにα2-6シアル酸に対する結合能を獲得していることがわかった（図7-1）．γサブドメインの結合能と引き

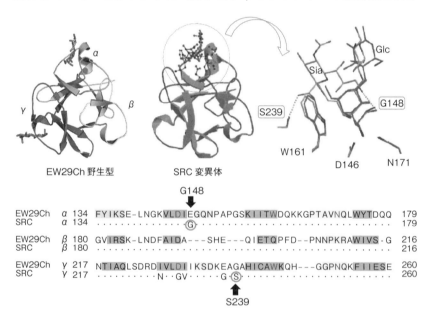

図7-1 ラクトース特異的R型レクチン（EW29Ch）のα2-6シアル酸結合性レクチンへの変換

EW29Chは3つの繰り返し単位，α，β，γサブドメインからなり，このうちαとγサブドメインが活性をもつ．エラー導入PCRで任意の変異を導入した変異体のうち，SRC変異体には，αに1か所，γに5か所の変異が見つかった．結晶解析によるとγサブドメインはラクトース結合能を失っていた代わりに，これを維持しているαサブドメインと協働して，新たにα2-6シアル酸に対する結合能を獲得していた．詳細な解析で，αドメインに導入された148位Glu→Gly変異（G148）およびγドメインの239位におけるGly→Ser変異（S239）によって（下の配列），それぞれシアル酸の9位水酸基と1位カルボキシル基に新たな水素結合が形成されることがわかった．
出典：R. Yabeら（2007）*J Biochem*[2）]

換えにαサブドメインが新たな能力を獲得したのだ（図7-1）。α2-3シアル酸に対する親和性はまったくなかった。

R型レクチンの分子骨格をもつガラクトース特異的なEW29Chから、α2-6シアル酸に親和性をもつ変異レクチンSRCを創出することができた。しかし、このレクチンにはまだ課題がある。天然のSSAやSNAほど高い特異性と結合力をもたない。親分子と同様、ラクトースにも結合してしまうし、6'-シアリルラクトースに対する結合力も、SSAと比べると約2桁低い。我々は悠久の時をかけて積み重ねた進化プロセスの一幕を垣間見たにすぎない。

❖ 7-2　C型レクチン

C型レクチンは1974年、A. Morgan（モーガン）とG. Ashwell（アシュウェル）によって、血中糖タンパク質を肝臓に取り込むアシアロ糖タンパク質受容体（肝レクチン）として発見された（4-2節）。当初からカルシウム要求性が指摘され、その後マンノース結合性タンパク質（MBP）をはじめ、多くの動物レクチンが同様にカルシウム要求性と構造的類似性を示すことがわかった。そこでK. Drickamer（ドリッカマー）がC型レクチンと名づけた[注4]。

5-4節で述べたように、C型レクチンの分布は、線虫（C. elegans）でもたいへん顕著だった。しかし、C型レクチンの分布は動物界に限られている。植物界、真菌類や細菌類には見いだされない（**表7-2**）。もっとも単純な後生動物である海綿にもC型レクチンの報告はないため、C型レクチンの祖先は後生動物誕生後のカンブリア紀以降に誕生したと推測される。

C型レクチンドメインは110～130アミノ酸残基から構成され、分子中にカルシウムイオンが1～3個配位結合している（**図7-2**）。これらカルシウムイオンは、C型レクチンの糖鎖認識部位である頭頂部を安定化するのに不可欠である。進化的に保存された親水性残基が、1つのカルシウムイオンに配位する。そして糖の認識では水素結合ネットワークを張り巡ら

表 7-2 C型レクチン（ドメイン）の特性

• Pfam クラン	CL0056
• Pfam（PDB登録数）	PF00059（248）
• CAZy	なし
• 立体構造 fold	C型 α/β-fold
• 生物分布	動物
• 糖特異性	多様（シアル酸、ガラクトース、マンノース、フコースなど）
• 金属要求性	カルシウム（可逆的）
• 代表的レクチン、およびレクチンドメイン含有タンパク質	マンノース結合性レクチン（MBP）、マンノース受容体（ManR）、アシアロ糖タンパク質受容体（ASGP-R）、マクロファージガラクトースレクチン（MGL）、セレクチン（E, P, L）、コレクチン類、コンドロレクチン、テトラネクチン、トロンボモジュリン、デクチン-1、DC-SIGN、蛇毒レクチン、フジツボレクチン、ウニレクチン

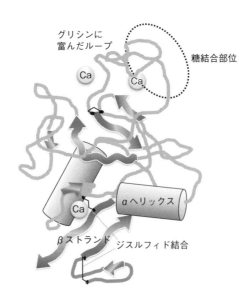

図 7-2　アシアロ糖タンパク質受容体サブユニット 1 の立体構造モデル

グリシンに富む頭頂部に 2 個のカルシウムイオンが配位することで、ループを安定化し糖結合部位を形成する。構造の下側 2/3 は二次構造（αヘリックス、βシート）が多い。αヘリックスを円柱で、βストランドを矢印で示した。
出典：M. Meier（2000）*J Mol Biol*[4]）を参考に作成

す(図6-15)。

　一方、デクチン-1やNK細胞受容体など、一部の家系メンバーにはカルシウム依存性がない。また、ガラクトース特異的なC型レクチンで保存される「QPD」モチーフ(図7-3)、マンノース特異的なレクチンで保存される「EPN」モチーフという目印がある(コラムIV)が、例外もある。C型レクチンもまた複雑な性質をもつ。

　C型レクチンの構造に共通するもう1つの特徴は2対の保存されたジスルフィド結合の存在だ。さらに多くのジスルフィド結合をもつC型レクチンドメインもある。たとえば、蛇毒レクチンや無脊椎動物(ウニなど)のレクチンでは、分子内ジスルフィド結合に加え、分子間でもジスルフィド結合を形成している。構造安定化のための戦略であろう。特に蛇毒中にはC型レクチンそのものを分解する可能性があるプロテアーゼ類が含まれている。著者がかつて構造解析したガラガラヘビ(*Crotalus atrox*)のC型レクチンでは、強く保存されている二対のジスルフィド結合に加え、さらに二対のジスルフィド結合と一対のサブユニット間を架橋するジスル

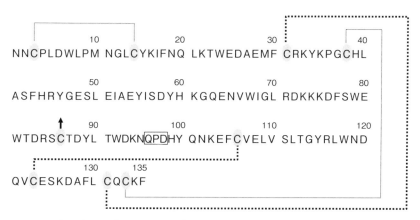

図7-3　ガラガラヘビ(*Crotalus atrox*)蛇毒由来C型レクチンの藍の酸配列とジスルフィド結合

2つの太い波線はC型レクチンで強く保存されているジスルフィド結合を、細い波線はそれ以外のジスルフィド結合を表す。また、上向き矢印(↑)は分子間ジスルフィド結合を示す。ガラクトース結合性レクチンに特徴的に存在する「QPD」モチーフ(96-98位)は四角で囲った。
出典：J. Hirabayashiら(1991) *J Biol Chem*[5] を参考に作成

フィド結合が形成されていた。そのアミノ酸配列とジスルフィド結合の様相を図7-3に示す。

　C型レクチンにおけるカルシウムへの結合は可逆的で、EDTAなどのキレート剤を添加すると、糖結合活性は簡単に消失する。このことは、レクチンをアフィニティー精製するときにも役立つ。通常、糖を固定化したカラムからレクチンを溶出するのに、簡単な構造の阻害糖（ラクトースや α メチルマンノースなど）を用いるが、C型レクチンは1 mM程度のEDTAで溶出できる。

　C型レクチンの最大の特徴は、その分子構造の多様性にある。ドリッカマーはこのレクチン家系を分子構築様式に基づいて17グループに分類している。後生動物のゲノムにはおびただしい数のC型レクチン様配列が見いだされるが、その多くは糖結合活性をもたない。糖以外のリガンドに結合することも知られている。このことは、C型レクチンドメインの持つ「C型 α/β-fold」の有用性を裏付けている。レクチン探索時代には思いも及ばなかったことが、ゲノム時代の今日明らかになりつつある。

注4）5-1節「定義と歴史」で述べたように、最初のレクチンはガラガラヘビ毒液中に存在する血球凝集素である可能性をキルパトリックが指摘している。

7-3　セレクチン

　セレクチンは前節C型レクチン家系のメンバーだが（表7-2）、あえて別節で取り上げる。このセレクチン・サブファミリーは、血管内皮（endothelium）に発現するE-セレクチンとP-セレクチン、白血球上に発現するL-セレクチンの3つのメンバーからなる。いずれもI型の膜タンパク質で、N末端から順次C型レクチンドメイン（CRD）、上皮増殖因子（EGF）様ドメイン、短いコンセンサス繰り返し配列（SCR）からなる（図7-4）。このうち、SCRの繰り返し数は、L、E、P-セレクチンでそれぞれ2回、6回、9回と異なる。

　これら3つのセレクチンの発見には複雑な経緯がある。E-セレクチン

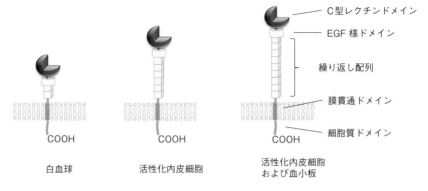

図 7-4　セレクチン類の分子構築様式

出典：Essentials of Glycobiology（2nd ed.）eds., A. Varki, R. D. Cummings, J. D. Esko, H. H. Freeze, P. Stanley, C. R. Bertozzi. G. W. Hart. M. E. Etzler（2008）；p. 450, Figure 31.7[6]を参照に作成。

は当初、ELAM-1（endotherial leukocyte adhesion molecule-1）、CD62E 抗原と呼ばれ、P-セレクチンは GMP-140（granule membrane protein of 140 kDa）、PADGEM（platelet activation-dependent granule external membrane）、CD62P 抗原などとも呼ばれた。一方、L-セレクチンは LAM-1（leukocyte adhesion molecule-1）、LECAM-1（leukocyte-endothelial cell adhesion molecule-1）、MEL-14 抗原（gp90mel）、CD62L 抗原などとも呼ばれた。クローニングによりこれらの分子構造が遺伝子判明し、E、P、L というもっとも単純な統一名称に落ち着いたのだ。

1980 年前後、これらセレクチン類が大きな注目を集めた。リガンド糖鎖構造が、消化器系がんのマーカーとして有名なシアリルルイス a 構造とよく似たシアリルルイス X（SLX）構造（図 4-13）だということがわかったからだ。白血球の血管内皮細胞への浸潤の第一歩は、セレクチンとその特異糖鎖リガンドの相互作用による。これが、がん細胞転移の制圧にもつながるという飛躍した発想につながった。

セレクチンが多くの研究者を魅了した理由として、今までのレクチンと異なる点があった。高等動物にしか存在せず、それにふさわしい高度な分子構造をもち（図 7-4）、それに呼応する複雑な糖鎖構造を認識するという点だ。現在、セレクチン阻害剤の研究はリビパンセル開発という新たな

局面をむかえている（4-12 節）。

さて、セレクチン類は、マンノース結合性レクチンのカルシウム結合サイト 2 に相当する場所にのみカルシウムを 1 分子含む。セレクチン類に共通したリガンド糖鎖構造は SLX だが、E-セレクチン、P-セレクチンの X 線結晶解析によると、この SLX 中、L-フコースの 3 位、および 4 位がカルシウムに配位する（図 7-5）。

鎌状赤血球が原因で発症する炎症の改善薬として期待されるリビパンセルは、この SLX 構造を模したセレクチン阻害剤だ（図 4-14）。この構造には、血中安定性やセレクチンに対する選択性を向上させるさまざまな工夫がある。しかし、リビパンセルの構造と図 7-5 を見比べると、セレクチンの認識にかかわる基幹部分（シアル酸のカルボキシル基やフコース、ガラクトースの水酸基）はリビパンセルでも一切変更されていない。この新

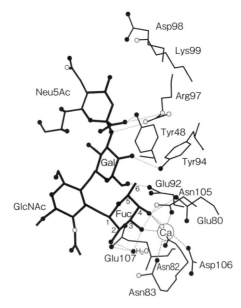

図 7-5　E-セレクチンのシアリルルイス X（SLX）糖鎖との結合様式
セレクチンの結合はフコース、シアル酸、ガラクトースに対し広範に及ぶが、主たる認識部位はカルシウムイオンの配位を含むフコースに対してであることがわかる。
出典：W. S. Somers（2000）Cell[7] を参考に作成

規薬剤の開発で培った経験とノウハウは、今後他のレクチン標的薬を創出するうえで重要な指針となるだろう。

❖ 7-4 L 型レクチン

L 型レクチンは、ConA など数多くのマメ科由来のレクチン、およびそれと分子構造的に近縁の動物レクチンや一部の菌類のレクチンなどからなる。マメ科（Leguminosae）の頭文字をとって L 型レクチンと呼ばれる。すでに多くの研究があり、糖結合様式についても詳細に解析されている。図 7-6 に ConA とこのレクチンが強く結合するトリマンノシド、Manα1-3(Manα1-6)Man との結合様式を示す。

動物から L 型レクチンが見つかったのは比較的最近である。それは意

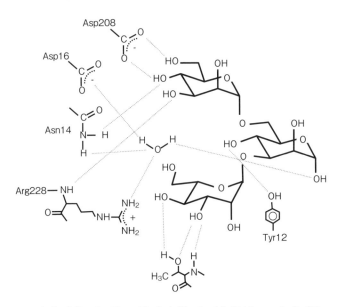

図 7-6　コンカナバリン A（ConA）とトリマンノシド Manα1-3（Manα1-6）Man との結合パターン

中央が還元末端 Man、上が α1-6 Man、下が α1-3 Man。
出典：J. H. Naismith, R. A. Field（1996）*J Biol Chem*[8] を参考に作成

外なことに「細胞内」で見つかった。ほとんどのレクチンは、分泌されたり、膜上に提示されたりするため、小胞体やゴルジ体を経て細胞外へ輸送されるが、動物由来のL型レクチン類は、小胞体やゴルジ間の輸送や糖タンパク質糖鎖の品質管理に関わる。

これらは小胞体とゴルジの中間領域（ER-Golgi intermediate compartment；ERGIC）のマーカータンパク質として知られていた ERGIC-53 とカベオラから単離された VIP36（36 kDa vesicular integral membrane protein）、さらにそれらの類似体 ERGL（ERGIC-53 like protein）、VIPL（VIP36-like protein）などのカーゴレセプターと呼ばれるタンパク群である。

これらのカーゴレセプターは、いずれも、アミノ酸配列や立体構造のみならず、糖鎖認識に関わるアミノ酸とレクチン活性保持に不可欠の金属イ

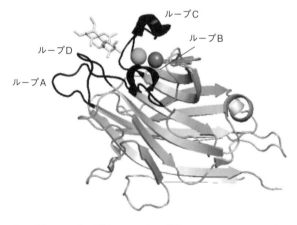

	ループA	ループB	ループC	ループD	特異性
PHA-E	VPNN----EGPADGLAF	KD-KGGLLG	VEFDTLYNV----HWDP	GFTATTGITKG----NVETNDILSW	Complex
EcorL	GPPYT-RPLPADGLVF	AQ-GYGYLG	VEFDTFSN----PWDP	GLSGATGAQR----DAAETHDVYSW	GalNAc
PNA	KD--IKDYDPADGIIF	GSIGGGTLG	VEFDTYSNS----EYNDP	GFSASGSL------GGRQIHLIRSW	Gal
UEA-I	SANP----KAATDGLTF	RRA-GGYFG	VEFDTI-GSPVNFDDP	GFSGGTYI------GRQATHEVLNW	Fuc
UEA-II	EPDE----KIDGVDGLAF	GS-SAGMFG	VEFDSYPGKTYNPWDP	GFSGGVGN------AAKFDHDVLSW	GlcNAc
ConA	SPDS------HPADGIAF	GS-TGRLLG	VELDTYPNT--DIGDP	GLSASTGL------YKETNTILSW	Man/Glc

図7-7　L型レクチン（マメ科）の立体構造とアミノ酸配列

（上）ピーナッツレクチン（PNA）とラクトース複合体の立体構造モデル。2枚のβシートが重なるβサンドイッチ構造をとり、画面左部に4つの柔軟性に富むループ領域（A, B, C, D）が存在する。
（下）4つのループ領域のアミノ酸配列の比較。糖の認識にかかわる重要なアミノ酸に網掛けをし、白抜き文字で示した。
出典：東京大学大学院新領域創成科学研究科　山本一夫博士より

オン（カルシウム、マンガン）結合部位をもつ（図7-7）。マメ科レクチンで強く保存されているアミノ酸（アスパラギン酸、グリシン、芳香族アミノ酸、アスパラギン）は、それぞれ糖結合部位を形成する4つのループ領域（A〜D）において、ループA、B、Cに存在する。ループDの長さは単糖特異性に相関する。表7-3にL型レクチンの性質をまとめた。

L型レクチンの立体構造はβサンドイッチ構造と呼ばれ、2枚のβシートが表裏で重なり合う（図7-8）。βサンドイッチ構造をとるレクチンはカルネキシン、ペントラキシンなど他にも多くある。しかし、後述のガレクチンをはじめ、L型レクチンと全く同じトポロジー（N末端からC末端に至る主鎖の折りたたまれ方）であることは奇妙だ。なぜなら、これら

表7-3 L型レクチン（ドメイン）の特性

1）L型	
• Pfamクラン	CL0004
• Pfam（PDB登録数）	PF00139（247）
• CAZy	なし
• 立体構造fold	βサンドイッチ（ゼリーロール）
• 生物分布	動物、植物、真菌
• 糖特異性	多様（シアル酸、ガラクトース、マンノース、フコースなど）
• 金属要求性	カルシウム、マンガン（非可逆的）
• 代表的レクチン、およびレクチンドメイン含有タンパク質	ConA（タチナタ豆）、PNA（ピーナッツ）、ECA（アメリカデイゴ）、ECorL（サンゴシドウ）、PSA（エンドウ豆）、LCA（レンズ豆）、UEA-I（エニシダ）、LTA（ミヤコグサ）、BPA（モクワンジュ）、SBA（大豆）、DBA（ドリコス豆）、PHA-E/L（インゲン豆）、MAL（イヌエンジュ）

2）L型様	
• Pfamクラン	CL0004
• Pfam（PDB登録数）	PF03388（21）
• CAZy	なし
• 立体構造fold	βサンドイッチ（ゼリーロール）
• 生物分布	動物、植物、真菌
• 糖特異性	高マンノース型Nグリカン
• 金属要求性	カルシウム、マンガン（非可逆的）
• 代表的レクチン、およびレクチンドメイン含有タンパク質	ERGIC-53、VIP36、ERGL、VIP36、LMAN1、Emp46p、Emp47p

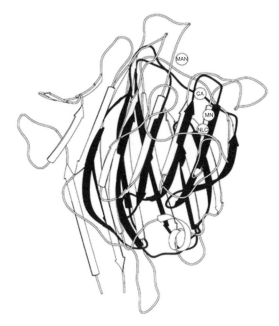

図 7-8　マメ科レクチン PSA とガレクチン -2 の立体構造

PSA（エンドウ豆レクチン）を白のリボンで、ガレクチン-2 を黒いリボンで表す。両者はともに β サンドイッチ構造のゼリーロールトポロジーを示し、立体構造的にはほぼ同じであるにもかかわらず、アミノ酸配列上の相同性はまったくなく、糖結合部位も異なる。
出典：Y. D. Lobsanov, J. M. Rini（1997）*Trends Glycosci Glycotechnol* [9]

のレクチン間にはアミノ酸配列上の類似性がまったくないからだ。ちなみに、ガレクチンの糖結合部位は L 型のそれとは場所も異なっており、金属要求性もない。

　ERGIC53 のオルソログとされるタンパク質が真菌類に属する酵母で見つかっている。Emp46p、および Emp47p と呼ぶタンパク質が L 型レクチンと相同性のあるアミノ酸配列、立体構造をもち、実際カーゴレセプターとして機能している。ただし、酵母由来の Emp46p、Emp47p にはカルシウム要求性がない。

　J. B. Sumner（サムナー）によってタチナタマメから赤血球凝集素が分離され、結晶化されたのが 1919 年であるから、マメ科レクチン研究の歴史は 1 世紀になろうとしている。しかし、これらの生理機能はいまだによ

くわかっていない。今まで多くの仮説が提唱されたが、どれも証拠不十分だ。これは、いくつかの動物レクチンの機能が比較的短期間で明確にされたのと対照的である。

仮説のひとつを紹介しよう。「レクチン認識仮説」は、根粒菌との共生にマメ科レクチンの糖鎖認識がかかわるとする点で興味深い。マメ科の植物には空気中の窒素固定を可能とする根粒菌が共生する。この共生によって豆はやせた土地でも生育できる。根粒菌が土の中で毛根に出会うと、接着が起こるが、そこには何らかの特異的な仕組みがあると考えられている。

大豆につく根粒菌はサヤエンドウやクローバーでは根粒を形成しない。マメ科のレクチンが根粒菌表面の糖鎖構造を特異的に認識することで、根粒菌の毛根への接着を選択的にガイドしているのではないかと考えられた。しかし、この説は現在では否定されている。

L型レクチンは構造的自由度が比較的大きなループ領域を4つ配し、その基盤部分をカルシウム、マンガンという2つの金属イオンで強固に形成する。道具としては非常に役立っている植物レクチンなのに、なぜこれほど多様な糖特異性を創出しているのかは今もって謎だ。

マメ科レクチンには1つの課題がある。組換え体の創出が難しい点である。ほとんどのマメ科レクチンは、大腸菌で産生しようとすると封入体（inclusion body）を形成してしまう。そのため、活性のある可溶性タンパク質を大量に調製することが難しい。進化戦略を勝ち抜いてきたマメ科レクチンである。何とか大量安価な組換え体生産ができないだろうか。

❖ 7-5　ガレクチン

1975年、イスラエルのワイズマン研究所の V. I. Teichberg（タイシュバーグ）らは電気ウナギ発電器官に、比較的低分子（～ 14 kDa）のガラクトース結合性レクチンが存在することを報告した。このレクチンは可溶性でカルシウム要求性がないことから、先に見いだされていたC型レクチンとは異なると考えられた。

タイシュバーグらが脊椎動物の各組織抽出物に同様なレクチン活性が含

まれるとしたことから、世界中でこのレクチンの研究が始まった。今日ガレクチンと呼ばれる一大動物レクチンの先陣争いである。

ガレクチンの命名と定義に関しては、1988年のドリッカマーによる動物レクチンの二大分類など[注5]、さまざまな試みがなされたが、決定打には分子レベルのデータの蓄積が必要であった。そして、上記電気ウナギレクチンの報告後20年近くの月日を経たとき、S. H. Barondes（バロンデス）による檄文が放たれた。ガレクチンの統一名称に関する国際提案である。

1994年の国際提案（*Cell*誌）によって、それまでさまざまな経緯で発見され、呼称もばらばらだった「発生過程で発現制御を受ける、金属イオン非要求性の可溶性βガラクトシド結合性レクチン」に対し、「ガレクチン」という名称と定義が与えられた。名称と定義に関してこれほど物議を醸したレクチン家系はない。

ガレクチンは「βガラクトシドに対する特異性をもつ動物レクチンで、進化的に保存されたアミノ酸配列をもつ」と定義された。アミノ酸配列はタンパク質家系を意味する。分子構造をレクチン分類の基盤としたのだ。

しかも、単にガラクトースに対する特異性とせず、βガラクトシドと明言している点が重要だ。1994年当時、まだ糖鎖の総合的解析（グライコミクス）の概念もなく、ゲノムワイドな視野や比較糖鎖解析の観点からガレクチンのリガンド糖鎖を考察する機会はなかった。すなわちガレクチンのリガンド糖鎖をβガラクトシドといい切る根拠は、単に当時研究されていたガレクチンが、いずれもラクトサミンに代表されるβガラクトシドをよく認識したから、というだけだ。

上記国際共同提案の2年前（1992年）、著者らは多細胞モデル生物である線虫（*C. elegans*）にβ-ガラクトンドに特異的なレクチンが存在することを、アシアロフェツイン-アガロースによるアフィニティー精製によって示した。さらにアミノ酸配列を調べたところこのレクチンは脊椎動物のガレクチンと相同性をもつことがわかった。無脊椎動物における最初のガレクチンの発見である。翌1993年には、もっとも単純な多細胞動物である海綿からも2種類のガレクチンを発見した。

これら新事実は、それまで脊椎動物に特異的な内在性レクチンというガ

レクチンの先入観を打ち砕いた。当時、線虫や海綿の糖鎖構造は誰も解析していなかったので、これら無脊椎動物レクチンを含め、βガラクトシドに特異性を有することを定義に加えることには一種のリスクがあった。しかし、その後20年を経て、ガレクチンの基本糖特異性はやはり、すべての家系メンバーにおいてβガラクトシドであることが示された。

上記、線虫ガレクチンの発見にはもう1つの意味があった。それまで例のないレクチンドメイン（約15 kDa）を2つもつ反復型の分子構造だったからだ。そこで、著者らはガレクチンの分子構築様式を3つのタイプに分類することを提案した。プロト、キメラ、直列反復と呼ばれる分類法で、今日広く受け入れられている（図7-9）。

プロト型ガレクチンは二量体構造をとるので、等価な糖鎖リガンドを架橋し、キメラ型はガレクチンドメイン以外の構造ドメインをもつため、糖鎖と糖鎖以外のリガンドを架橋すると考えられる。目下、キメラ型ガレクチンはガレクチン-3のみだが、ニワトリやアフリカツメガエルにも類似の構造のガレクチンが存在する。一方、直列反復型では2つの等価ではないガレクチンドメインが一次構造上つながるため、非等価な糖鎖リガンド同士を架橋することが想定される。最初は線虫で見つかった直列反復型だが、その後同様の分子構造を持つガレクチンが哺乳類や他の脊椎動物でも見つかっている。

プロト型
2つの同一
ガレクチンドメイン
ガレクチン-1, 2, 5, 7, 10
同質の糖鎖リガンドを架橋

キメラ型
非ガレクチン　ガレクチン
ドメイン　　　ドメイン
ガレクチン-3
糖鎖リガンドと非糖鎖リガンドを架橋

直列反復型
2つの異なる
ガレクチンドメイン
ガレクチン-4, 6, 8, 9
異質の糖鎖リガンドを架橋

図7-9　ガレクチンの分子構築様式
出典：FCCA「糖質科学のことば」ガレクチン：定義と命名の経緯[12]

著者らが前述の高性能FACで網羅的なガレクチン糖特異性解析を行った結果、対象のガレクチンすべて（哺乳類、鳥類、線虫、海綿由来の13ガレクチン、16のガレクチンドメインを含む）がβガラクトシドに対し共通して結合すること、ただし、そのリガンド糖鎖構造には比較的幅広い範囲があり、その特異性については各ガレクチンによって大きく異なることがわかった。ガレクチンが結合しうるβガラクトシド（二糖）を図7-10に、実際の結合の様子を図7-11に示す。

　他のレクチンがそうであるように、ガレクチンにも進化上の謎がある。ゲノム解析の進展によって、アフィニティー探索では探すことのできないガレクチン関連遺伝子が多く見つかっている。たとえば、GRIFIN（galectin-related inter fiber protein）、HSPC159（hematopoietic stem cell precursor）、PP13（placental protein 13）、PPL13（PP13-liKe）などである。これらはガレクチン10として記載されたCLCタンパク質と進化的に近縁である可能性が指摘されている。

　C型レクチン関連遺伝子と同様に、ガレクチンの一部はβガラクトシド結合性を失う代わりに、別の機能を獲得しているようだ。事実、古典的ガレクチン間で保存される重要なアミノ酸残基（His・Asn・Arg・・・Val・Asn・・・Trp・・Glu・Arg）のいくつかが、これらガレクチン関連タンパク質では保存されていない。また、5-1節で述べたシャーコットライデン結晶性タンパク質にも明確なβガラクトース結合活性が示されていない（にもかかわらず、ガレクチン10と命名されてしまった）。

　一方、ガレクチンには他のレクチンにはない謎がある。糖鎖認識を介した細胞間相互作用やシグナリングなど、すべてのガレクチンが細胞外ではたらくにもかかわらず、分泌に必要なシグナル配列をもたないのだ。ガレクチンタンパク質は、N末端アミノ酸のアセチル化、ジスルフィド結合の代わりに遊離状態のシステイン（S型と呼ばれた）、糖鎖付加の欠如など、典型的な細胞質タンパク質（cytoplasmic protein）の性質を備えている。

　シグナル配列がなければ、タンパク質は小胞体、ゴルジ体を介した分泌経路には送られないので、糖鎖付加も起こらない。しかし、糖結合活性をもつレクチンや糖鎖関連酵素が、小胞体・ゴルジ内腔で何も起こさないの

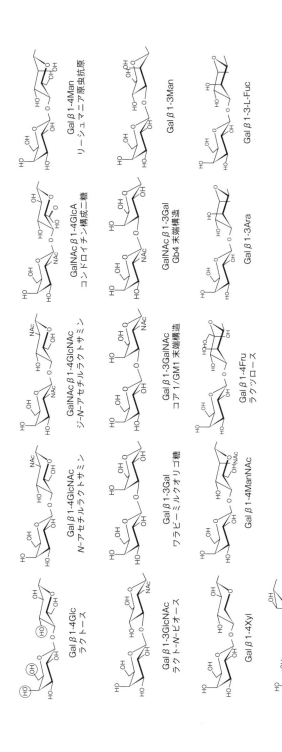

図 7-10 ガレクチンが結合するニ糖構造

上から2段は高性能FACで解析したもの、その下の3段目は文献等で報告されているもの。いずれも、非還元末端ガラクトースがβ結合で還元末端糖とエカトリアル配向のグリコシド結合を形成している。非還元末端の単糖は、Glc、GlcNAc、GlcA、Man、Gal、GalNAc、Xyl、ManNAc、Fru、Ara、Fucと多岐に亘る。線虫で見つかったNグリカンは例外的にアキシアル配向の水酸基とβガラクトシドが結合した構造をしていた（最下部）。いずれの場合も、ガレクチンの認識に関与する3つの水酸基の立体配置は保存されている（左上のラクトース構造上に○で囲った）。

出典：J. Iwaki ら (2011) *Biochim Biophys Acta*.[16]

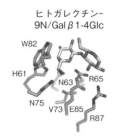 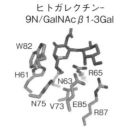 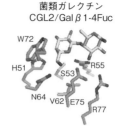

図7-11　ガレクチンが認識しうるβガラクトシド二糖との結合様式

ガレクチンの認識する二糖構造は多様だが、識別ポイントは一定している。すなわち、非還元末端ガラクトース（あるいはN-アセチルガラクトサミン）の4位および6位水酸基、そして還元末端残基の水酸基の中で、進化的に保存されたアルギニン残基と水素結合を形成しうる距離・方向にある水酸基の3点である。上記3分類は岩城らによる。
出典：J. Iwakiら（2011）*Biochim Biophys Acta*.[16]

は不思議である。プロテアーゼは自らのタンパク質を分解してしまわないよう、不活性な前駆体として合成され、しかるべき状況で活性化されるような仕組みをもつ。ガレクチンは非古典的な分泌経路で細胞外へと放出されるらしいが、いまだに詳細はわかっていない。

かつて笠井献一博士は、「ガレクチン七不思議」と称するガレクチンの未解決課題を提示した（**表7-4**）。すでに20年近く前のことであるが、その謎のほとんどが未解明のままである。ガレクチンの特性は**表7-5**にまとめた。

注5）1988年、ドリッカマーはカルシウム依存性レクチンをC型レクチンと呼ぶことを提唱した。同時に、彼は電気ウナギレクチンや哺乳類のレクチンにメルカプトエタノールなどのチオール（SH）性還元剤を要求する別のタイプの動物レクチンが存在することに着目し、後者をS型レクチンと名づけた。しかし、その後SH要求性でない本レクチンの仲間が次々と見つかり、むしろ電気ウナギレクチンやガレクチン1が特別であることが明らかとなり、1994年のガレクチンの共同提案に至る。動物レクチンのパイオニアの発した分類名であったため、その後しばらく混乱が続いた。

7-6　ジャカリン関連レクチン（M、G）

ジャカリン（jacalin）はクワ科（Moraceae）に属するジャックフルーツ（*Artocarpus integrifolia*）種子に含まれるガラクトース特異的なレク

表 7-4　ガレクチンの 7 不思議

1) ガレクチンの総合的な任務は何か。
2) ガレクチンは細胞内タンパク質として設計されているのに、なぜ細胞の外に見つかるのか。
3) 細胞の中からどうやって外に出るのか。
4) なぜガレクチンはすべてガラクトースに特異的なのか。
5) ガレクチンの細胞内および細胞外のリガンドは何か。
6) 酸化されて失活する危険性が高いのに、細胞外に存在するのはなぜか。
7) ガレクチンとマメ科レクチンのトポロジーは同じなのは何故か。

出典：笠井献一（1997）*Trends Glycosci Glycotechnol*[18]

表 7-5　ガレクチン（ドメイン）の特性

・Pfam クラン	CL0004
・Pfam（PDB 登録数）	PF00337（162）
・CAZy	なし
・立体構造 fold	β-サンドイッチ（ゼリーロール）
・生物分布	動物、真菌、ウイルス
・糖特異性	βガラクトシド
・金属要求性	なし
・代表的レクチン、およびレクチンドメイン含有タンパク質	ガレクチン 1～12、ガレクチン 10（CLC タンパク質）、ガレクチン 10 関連タンパク質（GRIFIN、HSPC159、PP13、PPL13）

チンで、これと類似のガラクトース特異的なレクチンが同じクワ科でいくつか報告されている（以下、gJRL：galactose-type jacalin-related lectin）。一方、ジャカリンとアミノ酸配列の相同性をもつが、ガラクトースには親和性を示さず、マンノースに特異的なレクチンが、クワ科植物を含む広い植物界、ならびに動物界に分布している（mJRL：mannose-type jacalin-related lectin）。これらを合わせジャカリン関連レクチンと呼ぶ。

　ジャカリンは全体として 66 kDa の四量体を形成し、各々のサブユニットは特殊なかたち「βプリズム I」で折りたたまれている。それぞれのサブユニットには「切れ目」があり、133 アミノ酸の α 鎖と 20 アミノ酸の β 鎖からなる。同じガラクトース型のアメリカハリグワ（*Maclura pomifera*；MPA）や black mulberry（*Morus nigra*、欧州産の桑；Morniga G）

のレクチンにも同様な修飾がみられる。β鎖は四量体が作る中央の空洞部分にそれぞれ上下で交叉して存在し、βプリズム構造を構成するβシートの一部に組み込まれている（図7-12）。

ジャカリンはとくにOグリカンのコア1構造（T抗原とも；Galβ1-3GalNAcα-Ser/Thr）を強く認識し、同じβガラクトシドでもラクトサミン（Galβ1-4GlcNAc）にはほとんど結合しない。また、同じ末端二糖構造をもつ糖脂質糖鎖、GM1（Galβ1-3GalNAcβ1-4Galβ1-4Glc）やGA1（Galβ1-3GalNAcβ1-4Galβ1-4Glc）にも結合しないので、T抗原における還元末端のα型のGalNAcを厳密に認識していることがわかる。この特性はムチン型糖鎖（Oグリカンの一種）をもつIgAの精製に活用されている。

pNP（p-ニトロフェニル）誘導体を用いた著者らのFCA解析によれば、ジャカリンはコア1構造（Galβ1-3GalNAcα-pNP）よりもコア3構造

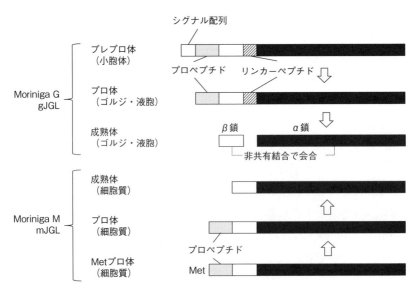

図7-12　ジャカリン関連レクチン（JGL）であるMoriniga G（ガラクトース特異的）とMorniga M（マンノース特異的）の生合成と分子構築様式の違い

出典：E. J. M. Van Dammeら（2002）*Plant Physiol*[19] を参考に作成

(GlcNAcβ1-3GalNAcα-pNP) を 3 倍ほど強く認識し、GalNAcα-pNP、Galα-pNP ではそれぞれ 1/2、1/3 程度に親和性が低下する。一方、コア 1 構造が還元末端 GalNAc で 1-6 分岐したコア 3 構造（Galβ1-3(GlcNAcβ1-6)GalNAcα-pNP）には結合しない。このことは、ジャカリンとコア 1 構造との X 線結晶解析からも理解できる（**図 7-13**）。

一方、gJRL がクワ科にだけ存在するのに対し mJRL の方ははるかに広い生物分布を示す。しかし、同じマンノース特異的であっても、それぞれの mJRL の高マンノース型糖鎖に対する結合プロファイルは大きく異なっている。**図 7-14** に高マンノース型糖鎖に対する各 mJRL の相対親和性を棒グラフで示した。詳細は、参考文献を参照されたい[23]。

また、mJRL の中には直列反復型のものがいくつかあり（CRLL、

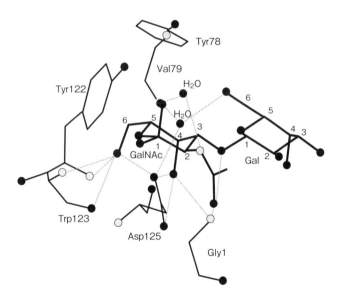

図 7-13 ジャカリンと T 抗原二糖（Galβ1-3GalNAc）の結合部位周辺の立体図

ジャカリンは主として還元末端の GalNAc を認識している。GalNAc の 2,4,6 位へ、主鎖・側鎖による水素結合、チロシン（Tyr122）側鎖によるファンデルワールス接触がなされていることがわかる。とくに 4 位ではリンカーペプチドが遊離したことで生じたグリシン（Gly1）のαアミノ基が水素結合を形成している点に注目（マンノース型では立体障害が発生）。また、コア 3 構造やシアリル T 抗原など、GalNAc の 6 位への修飾によりジャカリンの結合を失うことが理解できる。
出典：A. A. Jeyaprakash ら（2002）*Mol Biol* [20] を参考に作成

CCA、PPL)、例えば、シダレクチンでは両ドメインでの特異性が異なることが報告されている。さらに、最近バナナ由来レクチン（BanLec）にはシングルドメインにもかかわらずマンノース結合部位が2つあることがわかった。

　前述のように、ジャカリンを含むgJRLの特異な点は、N末端の約20アミノ酸からなるリンカーペプチドを生合成過程で切り離し、そのことによってGal/GalNAc特異性を「獲得」している点にある。このような際立った生合成を行っているのはクワ科のジャカリン関連レクチンに限られる。

　ジャカリンには若干ではあるがマンノースに対する結合活性が残存している。N. Sharon（シャロン）博士らによれば、ジャカリンとガラクトースの結合に関与する3か所の水素結合（Gly1、Tyr122、Asp125）のうち、α鎖Gly1はガラクトース4位（アキシアル配向）と水素結合している。

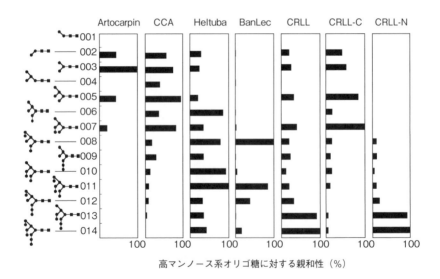

図7-14　マンノース系ジャカリン関連レクチン（mJRL）の高マンノース型糖鎖に対する相対親和性

左の糖鎖図で、■はN-アセチルグルコサミン（GlcNAc）を、●はマンノース（Man）を表す。
出典：M. Shimokawa ら（2016）*J Biochem*[23]

表 7-6 ジャカリン関連レクチンの特性

• Pfam クラン	–
• Pfam（PDB 登録数）	PF01419（67）
• CAZy	なし
• 立体構造 fold	β-プリズム I
• 生物分布	植物、動物
• 糖特異性	マンノース、ガラクース
• 金属要求性	なし
• 代表的レクチン、およびレクチンドメイン含有タンパク質	ガラクトース型：ジャカリン（ジャックフルーツ、*Artocarpus integrifolia*）、MPA（オサジオレンジ）、MornigaG（西洋桑） マンノース型：PAL（シダ、*Phlebodium aureum*）、CRLL（ソテツ、*Cycas revoluta*）、BaLec（バナナ）、Artocarpin（ジャックフルーツ）、Calsepa（hedge bindweed, *Calystegia sepium*）、CCA（和栗、*Castanea crenata*）、Conarva（bindweed, *Convolvulus arvensis*）、Heltuba（エルサレムアンチチョーク、*Helianthus tuberosus*）、MornigaM（西洋桑）、PPL（*Parkia platycephala*）、ZG16（哺乳類）

αメチルマンノシドとの間ではそのような水素結合を組むことはできないが、マンノースの2位（アキシアル配向）とは理想的なファンデルワールス相互作用を起こせることから、水素結合の欠如をある程度補っているという。

以上の観察から、ジャカリン関連タンパク質の祖先型はマンノース型だということがわかる。より原始的で生物分布も広いマンノース認識系からガラクトース認識系が生まれる。このことは、第4章で述べた糖の起源と進化とも関連している（表 7-6）。

❖ 7-7　GNA 関連レクチン

GNA関連レクチンとしては、ベルギーの E. Van Damme（ファン・ダム）らが1987年にヒガンバナ科（Amaryllidae）のマツユキソウ（英名 snowdrop）から単離したGNA（*Galanthus nivalis* agglutinin）が最初の報告である。その後、他の単子葉植物（monocot）から類似のレクチンが単離された。当初、単子葉植物特異的なレクチンと考えられたが、真菌類のゲノムにも類似遺伝子の存在が示され、今日ではGNA関連レクチン

と呼ばれている。GNA関連レクチンの性質と代表的レクチンを**表7-7**にまとめた。

単糖特異性はマンノースで、ConAなどマメ科レクチンがマンノースとグルコースをほぼ同等に認識するのとは異なり、GNAやその類縁レクチン（単子葉類由来のものが多い）はグルコースを認識しない。また、マメ科レクチンのような金属要求性もない。詳細な特異性解析を行うと、必ずしもマンノースに対する厳密な特異性があるとはいえず、たとえば、複合型のNグリカンにも結合するなど、結合特異性は必ずしも単純ではない。

その理由の一端はこのレクチンの分子構築様式にある。GNA関連レクチンは12 kDaのサブユニットからなり、それが4量体を形成している。各サブユニットは、さらに40アミノ酸ほどの短鎖フラグメントが3回繰り返す構造になっている。近縁レクチン同士では、アミノ酸配列の相同性も約90％と高い。

それぞれの繰り返し単位には糖結合にかかわる保存された親水性アミノ酸（Glc・Asp・Asn・・・Tyr）が存在し、βストランドおよびターン領域を形成する。**図7-15**のサイトIでは、β10ストランドの端にあるGln89（図ではQ89と表記）、1つ置いてターン上のAsp91（D91）、さらに1つ置いてβ11ストランド上のAsn93（N93）、そしてβ11ストランド終端のTyr97（Y97）がこれに相当する。

GNAでは3つの繰り返し領域すべてでこの糖結合モチーフ「Glc・Asp・Asn・・・Tyr」が保存される。1本半のβストランド（アミノ酸残基数にしてわずか9）がつくる構造に糖結合に必要なすべての残基が集まっている。そして4つの親水性アミノ酸の側鎖が水素結合でマンノースを規定している。

しかし、GNA関連レクチンの単糖への結合力は弱い（マメ科レクチンの1/10程度）。その理由として、マメ科レクチンのように2座配位型の水素結合がないこと、芳香族アミノ酸との疎水性相互作用がないことなどが挙げられる。しかし、Manα1-3(Manα1-6)Manなどのオリゴマンノースに対しては、より広範な水素結合の形成がみられ、疎水性残基とのファンデルワールス相互作用も観察される。

表7-7 GNA関連レクチンの特性

• Pfamクラン	-
• Pfam(PDB登録数)	PF01453(26)
• CAZy	なし
• 立体構造fold	β-プリズムⅡ
• 生物分布	植物、真菌
• 糖特異性	マンノース
• 金属要求性	なし
• 代表的レクチン、およびレクチンドメイン含有タンパク質	マツユキソウレクチン(GNA)、ニンニクレクチン(ASA)、チューリップレクチン(TxLCI)、アラムリリーレクチン(AMA)、アマリリスレクチン(HHL)、ラッパスイセンレクチン(NPA)

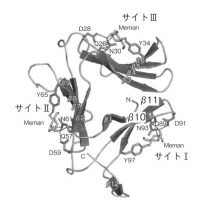

```
              D N I L Y S G E T L S T G E F L N Y G S F V F I
M Q E D C N L V L Y D - V D K P I W A T N T G G L S R H C Y L N
M Q I D G N L V V Y N P S N K P I W A S N T G G Q N G N Y V C I
L Q K D R N V V I Y - G T D R - - W A T G
```

図7-15 マツユキソウレクチン（GNA）の糖結合に関わる親水性残基のβストランド上の配置と分子内ホモロジー

結合している糖はいずれの結合サイトもαメチルマンノシド（Manα-OMe）。βプリズム構造における3つの結合サイトをN末端側からⅠ、Ⅱ、Ⅲで示した（左）。分子内ホモロジーを示す部分に影をつけている（右）。
出典：E. J. Van Dammeら（2007）*Biochem J*[26]

　残念ながら、GNA関連レクチンに対しては絶対値による結合力の算定（解離定数や結合定数）がなされていない。前述のFACでは、さまざまなオリゴ糖鎖に対する相対親和力は算定できるが、濃度依存性解析を行うのに適した標準糖がないのだ。たとえばpNP-αManでは結合力が弱すぎて、解離定数算出に必要なB_t値（カラム容量）が求まらない。レクチン研究で一番重要な情報は糖特異性で、しかも相対値ではなく、絶対値が必

要である。合成の専門家や企業に標準糖鎖の供給を期待したい。

7-8　家系横断的考察

今まで、各レクチン家系の特徴について述べてきた。ここでは、マンノース結合性レクチンとガラクトース結合性レクチンについて、家系横断的に考察したい。

1）異なる家系のマンノース結合性レクチンにおける認識機構

マンノースとグルコースの違いはC2水酸基の配向性であった。しかし、C2位はグリコシド結合をつくるC1位と近いため立体的な制限があり、これを認識するレクチンは少ない。マメ科レクチンのConAもマンノースとグルコースをあまり区別しない。これに対し、単子葉植物由来のGNAはグルコースを認識しない（赤血球凝集活性を阻害しない）ため、別の認識機構をもつレクチンとして注目された。

図7-16に家系の異なる4つのマンノース結合レクチン、すなわちLoLI（L型レクチン）、GNA（GNA関連レクチン）、Heltuba（ジャカリン関連レクチン）、eGLI（新規動物レクチン）の糖結合部位を示す。広範な水素結合ネットワークでマンノースを立体的につかまえているのがわかる。しかし、すべての水酸基、環内酸素と水素結合をつくる必要はない。

糖鎖はコアタンパク質側から伸びた形でレクチン分子に対峙する。したがって、ピラノース環から伸びる全方向の水酸基を水素結合で「完全包囲」することは難しい。よって、C2、C3、C4、C6位の水酸基のうちの全部ではない複数、すなわち「2か所ないし3か所」を押さえればよい。

図7-16のLoLIとHeltubaでは、C3、C4、C6位の水酸基、ならびに環内酸素が、それぞれ水素結合のドナー、ないしアクセプターとしてネットワーク形成に貢献しているが、GNAではC2、C3、C4位の水酸基が、水素結合に関わる。レクチンとの結合力は水素結合の数を反映するが、GNAのマンノースに対する水素結合は4本と少ない（他では7～8本）。一方、最近報告されたカキ由来の新規レクチン（CGL1）では、単糖マン

ノースに対しC1、C2、C3、C4、C5位に結合した酸素原子への水素結合が観察された。これ程広範な水素結合のネットワークが1つの糖に見られるのは稀だが、それでもすべての水酸基が包囲しているわけではない。

　水素結合には方向性がある。どちらか一方がプロトンドナーで他方がアクセプターだ。糖の水酸基はプロトンのドナーにもアクセプターにもなれるが、上記環内酸素はドナーにはなれない（プロトンがないため）。同様にレクチンの糖結合部位に頻出する親水性アミノ酸の側鎖は、すべてドナーにもアクセプターにもなれる（-OH、-NH$_2$、-COOH、-CONH$_2$、-SH、イミダゾール基、インドール基、グアニジノ基）。ペプチド骨格の酸アミド（-CO-NH-）もしばしば水素結合に参画する。

　1つのプロトンドナーが複数のアクセプターと水素結合することもしば

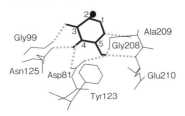

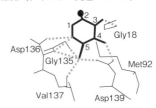

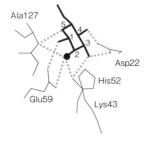

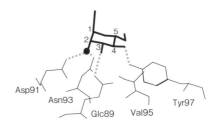

図7-16　マンノース特異的レクチンの認識機構の比較

LoLI（左上）、Heltuba（右上）、CGL1（左下）、GNA（右下）におけるマンノースの結合状況。マンノースは太線で、水素結合は波線で示した。黒い丸（●）はマンノース2位の水酸基（アキシアル配向）。

出典：A. Barre ら（2001）*Biochimie*[27]
　　　H. Unno ら（2010）*Sci Rep*[28] を参考に作成

しばあるし、逆のケースもある。これら双方向性や二座配位型の水素結合が加味されて広範な水素結合ネットワークが形成されていく。このことは以下のガラクトース結合性レクチンや他の特異性のレクチンにも共通する。

2）ガラクトース結合性レクチンに共通する認識機構

第4章「糖の起源」でガラクトースが進化の後段で登場し、認識糖として採択されたと述べたが、これはあくまでも進化仮説である。しかし、ガラクトース結合性レクチンは例外なく、ガラクトースの4位アキシアル水酸基を主な標的としている（たとえば、図5-14 ガレクチン、図7-14 ジャカリン）。

一方、4位水酸基のほかの水素結合は、レクチン家系によって異なる。ガレクチンではβガラクトシド残基の4位と6位の水酸基が必須だが（7-5節）、ガラクトース特異的なR型レクチンではガラクトースの6位置換に概して寛容である（7-1節）。C型レクチンではガラクトース型であれ、マンノース型であれ非還元末端単糖の3、4位を主として認識していることが多い（5-10節）。

一方、4位アキシアル水酸基の存在はもう一つ、ガラクトース結合レクチンに特徴的な性質を付与する。**図7-17**は家系の異なる4つのガラクトース結合性レクチンの、それぞれの結合部位にある芳香族アミノ酸とガラクトース残基の配置を重ねた立体図である。ガレクチン-2ではTrp65、EcoRL（L型レクチン）ではPhe131、リシンB鎖のサイト2（R型レクチン）ではTyr248、バクテリア毒素LT（AB5型毒素レクチン）ではTrp88が芳香族アミノ酸に相当する。家系の違いにかかわらず、これら芳香族アミノ酸の側鎖は、ほとんど同じ空間配置でガラクトースの裏側領域と相互作用している。

水素結合が顕在化するA面に対し、ガラクトース残基におけるC4アキシアル水酸基の反対側を、B面と呼ぶ。とくに、C3からC6位にかけては水素原子だけが並ぶので疎水性の高い領域となり、これは他の単糖にはない物性だ。かさ高い芳香族アミノ酸側鎖が近距離で寄り添うことで、疎

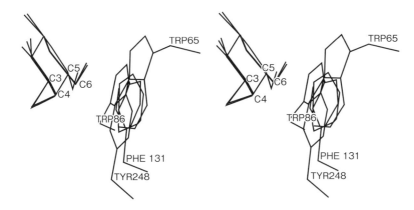

図 7-17　ガラクトース結合性レクチンに共通してみられる芳香族アミノ酸によるスタッキング現象（立体図）

各レクチンが結合するガラクトース残基を重ねたうえで、それぞれのレクチンに存在しガラクトースの裏側部分（B 面）にスタッキングしている芳香族アミノ酸を抜き出して表示した。ガレクチン-2（Trp-65）、マメ科レクチン EcorL（Phe131）、植物毒素リシン（Tyr248）、大腸菌易熱性エンテロトキシン LT（Trp88）
出典：J. M. Rini（1995）*Annu Rev Biophys Biomol Struct*[29]

水性相互作用が最大限化する。このようなガラクトース結合性レクチンに共通した相互作用を「スタッキング」と呼んでいる。ガラクトース認識を進化させた結果の戦略といえよう。

【コラムⅣ】 マンノース結合型レクチンをガラクトース結合型に変える

　S. T. Iobst（イオブスト）と K. Drickamer（ドリッカマー）はそれまでしばしば研究されていたアシアロ糖タンパク質受容体（ASGP-R）などのガラクトース特異的 C 型レクチンと、MBP などのマンノース特異的 C 型レクチンのアミノ酸配列を比較し、両者に特徴的な配列モチーフがあることに気づいた。すなわち、マンノース特異的レクチン群では Glu-Pro-Asn（以下、EPN モチーフ）であったが、ガラクトース特異的レクチン群ではグルタミン酸（Glu）がグルタミン（Gln）に、アスパラギン（Asn）がアスパラギン酸（Asp）に置き換わっていた（QPD モチーフ：**コラムⅣ図 1**）。

　イオブストらが MBP における EPN モチーフをガラクトース型の QPD に変換したところ、QPD 変異体はガラクトースに対する結合能を示すようになった。しかしその結合力は弱く、かつマンノースに対する結合活性もほとんど残っていた。そこで、イオブストらは、ガラクトース特異的 C 型レクチンに固有に備わるトリプトファン残基の存在に着目した。前節で述べたスタッキング相互作用である。

　MBP にはそのようなトリプトファンはなく、かわりにヒスチジン（His189）が存在した。そこでこのヒスチジンをトリプトファンに置換した QPDW 変異体を作成したところ、ガラクトースに対する親和力が野生型の ASGP-R と同等レベルに向上した。しかし、それでもなお、QPDW 変異体はマンノースに対する結合活性を維持していた。

　イオブストらはさらにトリプトファン残基に続くグリシンに富んだ配列が、ガラクトース特異的レクチンに常に存在することに気づいた（**コラムⅣ図 2**）。YGHGLGG というアミノ酸配列（グリシンループと命名）を、QPDW 変異体のトリプトファンの直後に挿入したところ、得られた QPDWG 変異体はマンノースに対する結合活性を示さなくなった。要するに、ガラクトース特異的 C 型レクチンに備わるすべを全部見つけだしたのである。

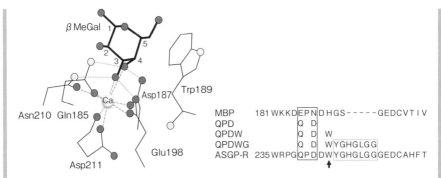

コラムⅣ 図1　ガラクトース型に改変したマンノース結合性レクチン（MBP）の糖結合部位（左）と改変に関連するアミノ酸配列（右）

(左) カルシウムイオンへの配位結合と、糖水酸基とアミノ酸側鎖間の水素結合を、それぞれ破線と点線で示す。(右) ガラクトース・マンノースの読み分けに関与する EPN および QPD モチーフを四角で囲む。また、ガラクトース結合型レクチンに特徴的なトリプトファン残基の下には短い矢印を、グリシンに富むループ領域を破線で囲った。
出典：R. Anand ら（1996）*J Biol Chem*[31]

　この実験を着想し、実行したイオブストのガラクトース型への徹底した改変手法には感服するしかない（6-10節で述べたような進化工学技術も用いていない）。ちなみに、QPDWG 改変レクチンのガラクトース結合の詳細な分子機構は、イオブストらによる報告の2年後に、W. I. Weis（ワイス）らのX線結晶解析によって明かされる。結果のあらましはこうだ。

　まず、QPD 変異は予想通りガラクトースの認識に関わっており、Gln185 はカルシウムイオンに配位すると同時に、ガラクトース4位水酸基と水素結合していた。一方、Asn187 は同様にカルシウムイオンに配位結合するとともに、同じガラクトース4位水酸基と2座性の水素結合を形成していた。また、ヒスチジンに代わって導入されたトリプトファン残基は、これも予想通りガラクトースの疎水面（B面）にスタッキングを起こしていた。

　さらに、ガラクトースに対する選択性向上に効果のあったグリシンループは、ガラクトースの裏面にスタッキングするトリプトファンのさらに裏側の空間を「パッキング」していることが分かった。このパッキングのおかげで、トリプトファン側鎖のインドール環はしっかり固定され、それが

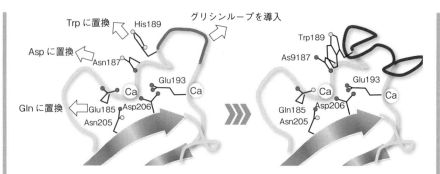

コラムⅣ 図2　マンノース結合性レクチン（MBP）をガラクトース認識型へと改変する作業のあらまし（左）と改変に関連するアミノ酸配列（右）

変異導入前の野生型 MBP（左）と変異導入後（右）のMBPの糖結合部位近傍の立体構造図。マンノース結合性モチーフ EPN をガラクトース結合性モチーフ QPD に置換することで、ガラクトースへの親和性が付与、さらにガラクトース残基の裏側（B面）にスタッキングを起こすトリプトファン Trp189 の導入、さらにそれを支えるグリシンループの導入で野生型アシアロ糖タンパク質受容体と同等のガラクトース特異性が創出された。
出典：A. R. Kolatkar, W. I. Weis（1996）*J Biol Chem*[31] を参考に作成

　マンノースを認識する際に支え棒の役割をしていたのだ。このグリシンループがないと隙間が空いてしまい、インドール環は機能しない。

　よくみると、グリシンループを構成するアミノ酸のうち、Leu194 がその 12 残基先にある Ala216 とファンデルワールス相互作用をしている（**コラムⅣ図3**）。さらに、ループの最初のチロシン（Tyr190）とその 2 残基後のヒスチジン（His192）は上下で重なり合い、上述のスタッキングと同様の相互作用をしている。それ以外の構成員がすべてグリシンであることも、このパッキングがうまく成就する要件なのだろう。

　この結果をもって、C 型レクチンの祖先型がマンノース特異的で、それが進化の過程で一部がガラクトース特異的に転換したと結論づけることはできない。しかし、イオブストらの示した改変の各ステップは、ガラクトースに対する結合性を獲得するための進化戦略について大きなヒントを与えてくれる。

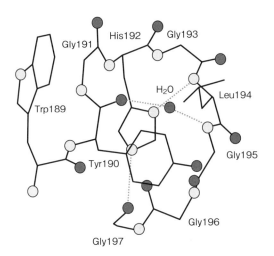

コラムⅣ 図3　Trp189とグリシンループ領域がつくる構造

出典：A. R. Kolatkar, W. I. Weis（1996）*J Biol Chem*[31] を参考に作成

第8章

糖鎖プロファイリングが拓くバイオ新大陸

❖ 8-1 糖鎖研究の現況と糖鎖プロファイリング

　21世紀初頭にヒトゲノム配列が決定され、ポストゲノムとしてプロテオームが注目された。しかし、ヒトの体のなかで働いているタンパク質の大半には、糖鎖付加やリン酸化などの翻訳後修飾が起こり、タンパク質の運命を決める。したがって、裸のタンパク質をいくら調べても生命の謎は解けない。とりわけ、糖鎖はタンパク質の安定性や行き先を決めたり、タンパク質の働きを調節したりすることによって細胞社会を高次なレベルへと押し上げる陰の支配者だ。糖鎖が正しく働かないと、発生や分化、神経や運動系の発達に支障をきたす。

　糖鎖は重要だから存在するのではなく、存在したから重要になったと述べた（第1章参照）。タンパク質に付加している糖鎖の全てが重要な役割をしているわけではない。糖鎖付加が細胞社会に利益をもたらすかどうかは、進化の過程で選別を受けて決まっていく。血液型糖鎖のように、一見生命維持には影響しないが、感染症に対するバッファーとして役立っているものもある。

　糖鎖は「細胞の顔」であり、細胞の種類や状態によって表情を変える（第4章参照）。腫瘍マーカーなど、バイオマーカーの多くが糖鎖である。タンパク質に付加した糖鎖には、がんや発生などの生命現象と密接に関連した構造が存在する。それを明らかにすれば病気の診断や治療に有効なバイオマーカーの開発につながる。しかし、「一筆書き」で表せない糖鎖には構造解析の壁が立ちはだかる。ゲノムからその構造を予測することもできない。さらに、糖鎖解析を困難にしているのが糖鎖の「不均一性」だ。糖

タンパク質では複数の糖鎖付加位置（Nグリカン、Oグリカンとも）が存在することも多い。そこに付加された糖鎖構造も付加率も不均一だ。糖鎖を均質な物質として扱うと、現実と乖離してしまう。

　昨今、この問題を解決するアプローチとして質量分析装置をはじめ、さまざまな手法が開発されている。しかし、先端技術の粋をつくしてもなお、糖タンパク質糖鎖の構造解析は困難だ。従来、糖鎖の解析には、糖タンパク質等から切り出した糖鎖を蛍光試薬で標識し、高性能液体クロマトグラフィー（HPLC）や質量分析装置で分離、同定するという方法がとられてきた。糖の種類や結合様式に選択性を有する各種グリコシダーゼを組み合わせれば、複雑な糖鎖構造の同定も可能である。しかし、これらの方法は時間と労力を要す。その手法に精通した専門家でないと解析は無理だ。さらに、質量分析では血清や細胞抽出物を直接扱うことが難しい。

　近年、国際的に糖鎖の重要性が再認識され、構造解析に向けた技術開発競争が激化している。中でも米国は大型のNIH（米国立衛生研究所）をベースに、世界レベルの研究組織（コンソーシアム）を構築し、著しい成果を挙げている。本コンソーシアム進展の大きな原動力になっているのが糖鎖アレイである（6-6節）。レクチンや抗糖鎖抗体などの糖結合タンパク質の解析で威力を発揮している。しかし、糖鎖アレイは直接糖鎖の構造解析を行う方法ではない。

　そこで考案されたのがレクチンアレイである。これは多数のレクチンをスライドガラスなどの基板上にアレイ化し、そこに標識した糖タンパク質等を結合させ、結合シグナルのパターンから糖鎖構造を推定したり、異なる被検体間の糖鎖プロファイルを比較したりする手法だ。レクチンアレイの実際については次節以下で述べるが、レクチンアレイによって遂行される糖鎖プロファイリングについて、そのエッセンスを述べておく。

　図8-1に抗体とレクチンによる糖鎖への結合パターンの模式図を示す。抗体は一般にレクチンと比べると結合力も特異性も高い。糖鎖に対する抗体はできにくいが、もし糖鎖に対する抗体がタンパク抗原と同様にできたとすると、個々の抗体の認識能は高く、特定の糖鎖のみに結合することになる。これに対し、レクチンは結合力が弱い反面、結合する糖鎖リガンド

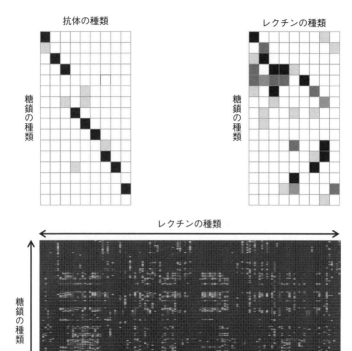

図 8-1　糖鎖プロファイリングの概念

(上段) 抗体は一般に結合力も特異性も高いため、個々の抗体が結合する抗原 (糖鎖) 特定の限られたものになる (左)。レクチンの場合は結合力が弱い反面、結合する糖鎖リガンドの種類が多く、さまざまな程度の結合力を示す (右)。この性質は数多くの糖鎖構造をカバーするのに適しており、糖鎖プロファイリングを行ううえで重要な概念となる。
(下段) フロンタル・アフィテニィ・クロマトグラフィー (FAC) で実際に調べたレクチン (100 種以上) と糖鎖 (100 種以上) の結合力をマトリックスにした図。
出典：J. Hirabayashi (2008) *J Biochem*[1]

の種類が多い。しかし、ここで「似ているが異なる」構造に対し異なる結合性を示すことが大きな利点になる。この性質は数多くの糖鎖構造をカバーするのに適しており、糖鎖プロファイリングの重要な基本概念となる。

　たとえば、ただ 1 つの糖鎖構造しか認識しない厳密な抗体の場合、それを 10 種そろえても $10^1 = 10$ 種の糖鎖構造しか識別できない。しかし、レクチンの場合、それぞれが、5 種類ずつの糖鎖構造に対し異なる度合いで

結合したとすると、10のレクチンが識別しうる糖鎖構造の数は $10^5 =$ 100,000となる。逆説的な表現になるが、判別力が曖昧な方が組み合わせると高い識別効力をもつことになる。レクチンアレイが比較糖鎖プロファイリングに力を発揮するのはこのためである。

　すべての生命は細胞からなり、それらは複雑で不均一な糖鎖におおわれている。分泌タンパク質のほとんどが糖鎖をもち、それらの構造プロファイルは細胞の種類と状態（生物種、発現する組織、発生分化段階、悪性度など）によって大きく変化する。この糖鎖の百面相をじっと見ているのは誰か。レクチンをおいて他にない。レクチンアレイはそこに目をつけた。

　レクチンアレイによる糖鎖プロファイリングでは、いわば被検体糖鎖の構造的特徴を抽出し、とくにそれを複数の被検体間で比較解析することに主眼を置く。構造決定や定量分析に重点をおくHPLCや質量分析とこの点が大きく異なる。レクチンアレイ解析で得られたデータは、統計処理を施すことで、たとえば2群間で有意な差を示すレクチンを探すのに有用である。しかし、どの糖鎖構造がどれだけの量存在するのかを求めるような定量解析には適していない。両者は競合技術ではなく補完技術なのだ。

　6-5節で述べた高性能FACでレクチン・糖鎖間の網羅的相互作用を調べた結果をマトリックス表示したのが図8-1（下段）である。各レクチンには結合を示す糖鎖のパターンにそれぞれ特徴があるとともに（マトリックスで縦のマス目ごとに見た場合）、それぞれの糖鎖にも各レクチンに対する結合パターンに特徴がある（横のマス目）。レクチンは糖鎖の「指紋」をあぶり出すプローブといえよう。

　実際のレクチンアレイ解析では、糖鎖構造を同定することより、異なる被検体間における糖鎖構造の差異を見つけることが重要になる。第4章で述べた糖鎖バイオマーカー探索でも、この比較糖鎖プロファイリングの手法が採られた。差異を示すレクチンが見つかればそのレクチンを用いて相手の糖鎖を発現している糖タンパク質を同定しにいく。抗体とレクチンのサンドイッチアッセイで診断法を開発する。この場合、診断目的であれば必ずしも糖鎖構造を決定する必要がない。糖鎖解析が多くの研究者にとって身近になることを願う。

❖ 8-2　エバネッセント波励起スキャナーの仕組み

　レクチンと糖鎖間の結合力は、抗原抗体反応と比べはるかに弱く解離定数（K_d）としてせいぜい 10^{-6} M 程度である。この性質はアレイによるレクチン―糖鎖間の相互作用解析を再現性良く行ううえで問題となる。DNA マイクロアレイなど、従来のアレイ解析は、蛍光検出前に基板を何度も念入りに洗浄後、スライドガラスを乾燥させてから共焦点レーザー式の蛍光スキャナーで計測する。しかし、洗浄によって結合力の弱いレクチンと糖鎖は容易に洗い流されてしまう。

　そこで、2005 年にプローブ添加後の洗浄操作を必要としない「液層状態での蛍光観察」が可能なエバネッセント波励起蛍光法（**図 8-2**）が導入され、アレイ解析に使用されている [5]。この手法を用いれば、レクチン・糖鎖を洗い流してしまうリスクを回避できるうえに、より簡便な操作で再現性の高い相互作用観察が可能となる。

　レクチンアレイ解析用のエバネッセント蛍光スキャナーは、2006 年、㈱モリテックスから中型（約 60 kg、多波長対応）のフルスペック機「GlycoStation™ Reader」が上市され、現在では㈱グライコテクニカ社が事業継承している。販売開始以来、本装置を用いた解析例が 50 以上の学術論文に掲載されている（グライコテクニカ社ホームページ：http://www.glycotechnica.com/gsr-application.html）。用途としては、糖鎖に着目した病態変化の解析がもっとも多く、がんなどの疾患により特定のタンパク質の糖鎖構造が変化すると、有望なバイオマーカーになることが期待されている。

　上記エバネッセント波励起型レクチンアレイスキャナーについて、最近、米国食品薬品規制局（FDA）が GlycoStation™ Reader を導入し、各種糖タンパク質性バイオ医薬品における糖鎖構造の簡易プロファイリングに対する有効性を指摘している（Cambridge Healthtech Institute 主催バイオ医薬品分析法 2015 年 3 月：http://www.biotherapeuticsanalyticalsummit.com/）。

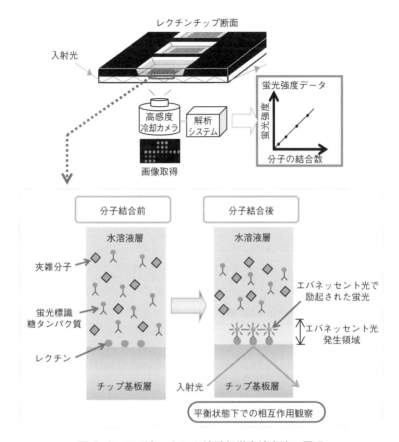

図8-2 エバネッセント波励起蛍光検出法の原理

多数のレクチンを固定したスライドガラスの上部に設けられた反応層（深さ1 mm程度）に蛍光標識した糖タンパク質の溶液を添加する。糖鎖がレクチンと結合した場合には蛍光標識基がスライドグラス表面近くに来る（エバネッセント波の射程距離＜数100 nm）。スライドグラス端面から入射され発生したエバネッセント波によって結合分子は励起され蛍光を発する。これに対し、レクチンと結合しない糖鎖や夾雑分子はエバネッセント波の射程にほとんど入らないため、励起されず蛍光を発しない。
出典：平林淳、内山昇（2015）「バイオチップの基礎と応用」（監修：伊藤嘉浩）[3]

　さらに近年、㈱レクザムから機能を絞った短波長（Cy3）仕様の小型普及装置が販売された。この装置は必要機能に絞って使い易さを追及し、データ解析作業の全自動化による省力化に主眼を置いている。また、装置重量も12 kgと小型・軽量であるため各機関での導入が容易であり、ドラフ

ト中の使用にも好適である。ウイルスのサーベイランスなど、野外での用途にも道が開けそうだ。

8-3　糖鎖プロファイリング技術がバイオを変える

　糖鎖は重要であるにもかかわらず、多くの生命科学者が見落としてきた。糖鎖の研究がはかどらないのは、構造解析が技術的に難しい上に、糖鎖の機能を合理的、統一的に説明する原理が容易に見つけられないからだ。解析が難しいから糖鎖機能の真理に到達できない、糖鎖機能の真理がわからないから難しそうな糖鎖解析に挑まないという悪循環に陥っている。

　この悪循環を断ち切るのがレクチンアレイだ。レクチンアレイの出現は、糖鎖プロファイリングの機が熟したことを物語る。糖鎖の迅速かつ高感度な解析が数々のバイオマーカーを生んだ。われわれは既存の技術のみでは到底到達しえなかった領域に確実に足を踏み出した。2005年に開発されたレクチンアレイの解析対象は今後まだまだ増え続けるだろう（図8-3）。

　とりわけエバネッセント波励起蛍光法は洗浄操作を要しないことから、操作が簡便で、感度も高く、かつ再現性の高い解析結果をもたらす。本原理は、7-5節で述べた糖鎖アレイや、抗体アレイなど他のアレイ技術にも適用できる、大変応用性の高い蛍光検出原理である。レクチンアレイの場合、Cy3標識した糖タンパク質に対しては、100 pg/mLの検出感度を誇る（使用量は0.1 mL程度）。著者ら以外にも多くの研究者がレクチンアレイのレビューを書いているので、代表的なものを巻末の参考文献に載せた。

　レクチンアレイや糖鎖アレイは解析対象を選ばない。糖鎖を含有する生体物質であれば、糖タンパク質、糖タンパク質を含む細胞や組織抽出液、細菌や真菌類そのものの解析も可能である。今までは医薬品開発に関する用途が多かったが、生命が絡む現象、細胞を含む材料など、解析対象は幅広い。その用途は未知数だ。

　生命科学の歴史を振り返ると、新たな技術革新が生まれるとそれまで解析不可能だった対象が、突如として研究の対象になる。制限酵素の発見に

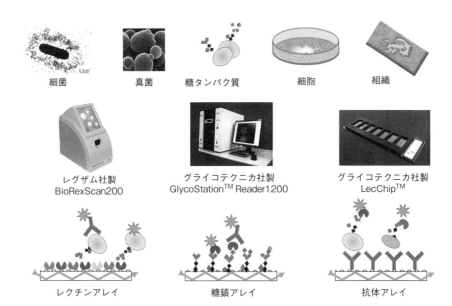

図8-3 エバネッセント励起法による糖鎖・レクチン解析関連のアレイプラットフォーム

レクチンアレイ、糖鎖アレイ、抗体アレイいずれにおいてもエバネッセント波励起蛍光検出法は有効に機能する。糖鎖含有物であれば解析対象を問わない。現時点では医薬品開発関連の用途が多いが、将来食品、環境科学、材料分野での応用も期待される。

よる遺伝子工学の誕生、ポリメラーゼ連鎖増幅反応（PCR：polymerase chain reaction）によるクローニング概念の転換、タンデム型質量分析装置の開発による複雑な生体物質の解析など。糖鎖プロファイリング技術はこれまで対象外だった複雑不均一な複合糖鎖（糖タンパク質など）新大陸に生命科学者をいざなっている。

8-4 【事例紹介I】肝硬変から肝細胞がん移行への注意を知らせる肝線維化マーカー「Mac2BPGi」

本節以下では、今までレクチンアレイを用いて得られた成果のいくつかを紹介する。ネット上の公式サイトも閲覧されたい。

産業技術総合研究所（以下、産総研）は、2013年12月26日、シスメックス㈱と共同で肝線維化の進行度を糖鎖マーカーを用いて血液検査により判定する試薬を開発、薬事承認（2013.12.6製造販売承認）を得たと発表した。肝線維化とは、肝臓がんの原因となる慢性肝炎や肝硬変へ至るウイルス性肝炎に起因する疾病である。

　ウイルス性肝炎の感染者数は日本で約300万人と推定され、㈳国立がん研究センターがまとめた「がん統計情報」によると、日本における2011年の肝細胞がんによる死亡者数は31,800人にのぼる。これは、肺がん、胃がん、大腸がんに次いで4番目に多い。感染を放置すると肝細胞がんへ進行するため、病状の進行を正しく測定する技術開発が求められていた。

　慢性肝炎から肝細胞がんへ進行する過程で、線維化した組織が肝臓に蓄積する。従来、肝炎ウイルスの持続感染により進行するこの肝臓の線維化の程度を判定するには、肝臓組織を採取して行う生体組織診断が行われてきたが、患者の入院が必要、身体的・経済的負担が大きいなど課題が多いという。厚生労働省の「肝炎研究7カ年戦略」にも「線維化の進展を非観血的に評価できる検査法の開発」が必要とされている。

　産総研とシスメックス㈱などが開発に成功した肝線維化マーカーが、Mac-2 binding protein糖鎖修飾異性体（以下「M2BPGi」）である。本糖鎖マーカー開発の原理は5-8節で述べたとおりである。将来肝硬変になる恐れをもっともよく知らせてくれる糖タンパク質として、M2BPがスクリーニングされ、かつその指標となる糖鎖変化を見出すことに成功した。そして、検査薬としてシスメックス社のHISCLという自動測定装置用に、化学発光酵素免疫測定系キットを導入した。

　鍵となったのは、その探索段階でレクチンマイクロアレイが有効に機能したことだ。久野敦博士らが開発していた「抗体オーバーレイ式レクチンマイクロアレイ法」という方法をシスメックス社のサンドイッチイムノアッセイ系に落し込んだのである。これを医療機関の臨床検査室で実施する診断システムとして開発した結果、わずか17分程度で測定することに成功した。産総研の基礎研究力とシスメックス社の実用化技術がうまく合致

し、産学連携が達成された好例である。

その後シスメックス社は肝線維化マーカーの測定システムを完成させ、現在保険適用となっている。ちなみに M2BPGi とは Mac-2 binding protein glycosylation isomer の略で、血中に肝臓から分泌される糖タンパク質、Mac-2 binding protein（マクロファージ抗原-2 結合タンパク質）の糖鎖修飾異性体を意味する。異性体とは本来分子量が同じで構造の異なるもの同士を指すが、ここではタンパク部分は同じだが、糖鎖修飾が線維化によって変化していることを表している。糖鎖マーカーを用いた肝臓の線維化検査技術の実用化の第 1 号である。

8-5 【事例紹介Ⅱ】人工多能性幹細胞（iPS 細胞）を特異的に認識するレクチン「rBC2LCN」

山中伸弥博士らの発明による人工多能性幹細胞（iPS 細胞：induced pluripotent stem cell）などを用いた再生医療への期待が大きい。多能性幹細胞とは、iPS 細胞、および iPS 細胞開発前にすでに研究されていた胚性幹細胞（ES 細胞：Embryonic stem cell）など、多分化能（様々な組織に分化できる能力）と無限増殖能（いくらでも増殖できる能力）を備えた細胞のことである。

ES 細胞はヒトの胚から作成する必要があるため、倫理的な問題を内包するが、iPS 細胞は、皮膚などのすでに分化した自分自身の細胞を脱分化（undifferentiation）させることで作製するため、倫理的な問題と免疫原性の問題の双方をクリアできる。

iPS 細胞の懸念は造腫瘍の問題である。ES 細胞や iPS 細胞は多分化能と高い増殖能をもつため、そのまま移植すると奇形腫という腫瘍をつくってしまう。未分化な細胞は、移植された体内で内胚葉（内蔵など）、中胚葉（血管や骨）、外肺葉（皮膚や神経）など、さまざまな方向に分化するが、その中に腫瘍細胞も含まれてしまうのだ。奇形腫自体は悪性腫瘍ではなく、転移しないといわれているが、がん化のリスクに変わりはない。

残念ながら、現在の分化誘導技術をもっても iPS 細胞を 100% の確率で

目的の移植細胞（神経細胞や心筋細胞など）に分化させることは難しい。したがって、移植細胞のなかにどれだけ未分化な iPS 細胞が残存しているかを正確に検出する技術が求められる。細胞治療薬を含めバイオ医薬品製造においてもっとも重要視される品質管理技術である。

舘野浩章博士らは、レクチンアレイに搭載されていたレクチンの数を倍加させ、それを高密度でスライドグラス上に固定化する技術を開発、高密度レクチンアレイと名づけた。この高密度アレイを用いてさまざまな細胞から調製した iPS 細胞を、その親となる体細胞の糖鎖プロファイルと比較した。その結果、初期化遺伝子の導入によって iPS 細胞が作製される際に全遺伝子の発現パターンが「リプログラミング」されるだけでなく、糖鎖構造も同時にリプログラミングされることがわかった。

リプログラミングされた iPS 細胞はいくつかの共通の糖鎖構造を有する。そして、すべての iPS 細胞と ES 細胞に共通し、体細胞にはまったく見られないレクチンシグナルがあることがわかった。rBC2LCN と名づけられた組換え体である。未分化細胞特異的なシグナルを検出するレクチンで、*Burkholderia cenocepacia* というグラム陰性菌が産生するキメラ型レクチンの N 末端ドメインだ。これは、糖鎖プロファイリング技術による各種幹細胞の品質、安全評価が実現可能であることを示すものである。

小沼泰子博士らは、上記 rBC2LCN レクチンが、iPS 細胞などの多能性幹細胞を、固定化処理をせず、生きたまま可視化できることを示した。通常、抗体やレクチンで細胞を染色する場合、細胞膜を化学的に前処理することで染色性を向上させる手段が採られる。この固定化処理は細胞に大きなダメージを与えるため、処理した細胞を再利用することはできない。

rBC2LCN レクチンが認識する糖鎖リガンドはその後の研究でポドカリキシン（podocalyxin）と呼ばれるムチン型糖タンパク質であることが示され、その糖鎖構造は H タイプ 1（Fucα1-2Galβ1-3GlcNAc）ないし H タイプ 3（Fucα1-2Galβ1-3GalNAc）を認識決定基としてもっていることがわかった。

このポドカリキシンが iPS 細胞や ES 細胞から培地中へと分泌されていたのだ。もし、移植用に分化誘導した細胞中の残存 iPS 細胞を、培地を用

いて検出することができれば、貴重な移植用細胞を消費せずに済む。このため、舘野らは、rBC2LCNともう1つの糖鎖認識プローブを組み合わせることで、レクチン―レクチンサンドイッチアッセイを構築し、iPS細胞等を非侵襲的に検出・計測できる技術を開発した。これに使うキットは和光純薬工業㈱から市販され、iPS細胞等を用いた再生医療における品質管理での活用が期待されている。

さらに舘野らは、上記rBC2LCNにタンパク合成を阻害する緑膿菌由来毒素PE23を融合させたレクチン毒素融合体（rBC2LCN-PE23）を合成した。本レクチン毒素融合体はiPS細胞やES細胞のみを $10\,\mu\mathrm{g/mL}$ という低い濃度で完全に殺傷した（図8-4）。一方、分化した細胞にはほとんど毒性が認められなかった。

rBC2LCN-PE23は未分化細胞除去剤として開発されたもので、今後再生医療における活用が期待される。今回用いたレクチン、rBC2LCNは未分化細胞に高い特異性を示すものだが、そのようなレクチンを自在に開発することができれば、再生医療以外の用途も考えられる。ただし、レクチ

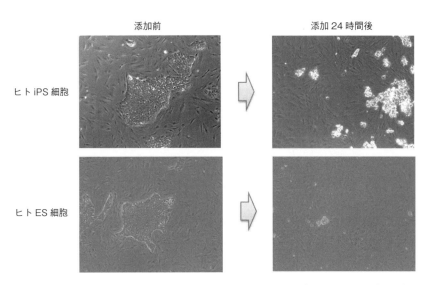

図8-4　レクチン毒素融合体（rBC2LCN-PE23）による未分化細胞の選択的除去
データ提供は産総研・創薬基盤研究部門の舘野浩章博士、小沼泰子博士、伊藤弓弦博士による。[28]

ン毒素融合体をヒトの体内に投与する場合、解決しなければならない問題がある。免疫原性の問題である。上記レクチンはグラム陰性細菌由来であり、毒素も緑膿菌由来であるから、ともに免疫原性が懸念される。

しかし、最近では、計算科学や分子軌道法の進歩で、免疫原性を低減させるような分子改変法も種々試みられている。分子量が小さく、製造コストも安価なレクチンには糖鎖標的医薬品としての可能性も期待される。

❖ 8-6 【事例紹介Ⅲ】間葉系幹細胞の分化能力の指標となる糖鎖構造「α2-6シアル酸」

多能性幹細胞とならび再生医療の実用化で注目を浴びているのが体性幹細胞である。多能性ではないので、あらゆる組織には分化できないが、ある程度の分化能と増殖性をもつ。多能性幹細胞との一番大きな違いは造腫瘍性の問題がなく、安全性が担保されている点である。体性幹細胞の一種である間葉系幹細胞は、中胚葉性組織（間葉）に由来する、骨、心筋、軟骨、脂肪などの細胞への分化能をもつ。増殖性・分化能の点でより確実な培養技術が求められる。

この問題の解決を目指し、産総研の伊藤弓弦博士らは、ヒト脂肪由来間葉系幹細胞を長期間、継代培養し、継代初期と継代後期の細胞を、分化誘導用の培養液を用いて骨や脂肪へと分化誘導した。その結果、継代初期の間葉系幹細胞は、骨や脂肪に分化した後、アリザリンレッドS（カルシウムに結合する色素）やオイルレッドO（脂肪滴に結合する色素）で強く染色されたが、継代後期の間葉系幹細胞では分化誘導後の染色が明らかに弱まっていた。すなわち、継代後期の細胞は分化能が低下していることが示された。このことは糖鎖の発現と何か関係がないだろうか。

そこで、同じ産総研の舘野らが継代初期と継代後期の間葉系幹細胞をレクチンアレイで解析した。その結果、4種類のα2-6シアル酸結合性レクチン（TJA1、SSA、SNA、rPSL1a）の結合性が、継代初期は有意に高く、逆に継代後期では弱まることがわかった。確認のため、フローサイトメーターを用い、蛍光染色した各レクチンで解析したが、やはり、継代初期の

細胞ではこれらα2-6シアル酸結合性レクチンと高い反応性を示した。これに対し、継代後期の細胞では逆に反応性が弱まっていた。

　さらに、構造解析の結果、実際に継代初期のヒト脂肪由来間葉系幹細胞ではα2-6シアル酸が検出できたが、継代後期の細胞ではほとんど検出できなかった。同様の観察は、ヒト骨髄由来間葉系幹細胞や軟骨組織由来軟骨細胞でも認めることができた。この結果から、ヒト間葉系幹細胞やヒト軟骨細胞などのヒト体性幹細胞の分化する能力を、α2-6シアル酸結合性レクチンとの反応性で評価できることがわかった。

　ちなみに、継代初期で発現上昇が認められたα2-6シアル酸は、舘野らが2011年、多能性幹細胞の糖鎖プロファイルを体細胞と比較した際抽出された特徴の一つである。事実ES細胞やiPS細胞ではα2-6シアル酸の発現量は非常に高く、多能性との関連が示唆される。また、α2-6シアル酸の発現はがんとの関連性が以前より指摘されている。8-5節で述べたように、ガレクチンの認識にはガラクトース6位水酸基の存在が不可欠なので、未分化な細胞には結合できないと推測される。多能性（pluripotency）とは何なのかを改めて問いたい。細胞の分化や増殖に対する糖鎖やレクチンの関与は、今後ますます注目されるだろう。

引用参考文献

第1章

1) Lectin structures: classification based on the 3-D structures. Fujimoto Z, Tateno H, Hirabayashi J. *Methods Mol Biol*. 2014；1200：579-606.

第2章

1)「生体中の水の構造と役割」上平恒、化学総説（1976）11, 191-206.

2)「糖鎖の成り立ちから糖の起源を推理する」平林淳、*Viva Origino*（2001）29, 119-33.
http://www.origin-life.gr.jp/2903/2903j.html

3)「かき氷騒動：甘くない砂糖水の話」好村滋行、物性研究（2003), 80（2）：349-66.
http://hdl.handle.net/2433/97544

4)「資生堂、乾燥によるキメの大きな乱れが皮膚の角層細胞の縮みによるものであることを発見」資生堂プレスリリース 2013.5.15　http://www.shiseidogroup.jp/releimg/2152-j.pdf?rt_pr=tr034

5) Genome Sequence of the Nematode C. *elegans*：A Platform for Investigating Biology. The C. *elegans* Sequencing Consortium. *Science*. 1998；282：2012-8.

6) A calculation of all possible oligosaccharide isomers both branched and linear yields 1.05 x 10 (12) structures for a reducing hexasaccharide：the Isomer Barrier to development of single-method saccharide sequencing or synthesis systems.
Laine RA. *Glycobiology*. 1994；4：759-67.

7) Synthesis of activated pyrimidine ribonucleotides in prebiotically plausible conditions. Powner MW, Gerland B, Sutherland JD. *Nature*. 2009；459（7244）：239-42.

8)『GADV 仮説─生命起源を問い直す』池原健二、京都大学学術出版会〈学術選書〉、2006

9) 池原健二 GADV タンパク質ワールド研究室　http://ikehara-gadv.sono-sys.net/

第3章

1)『糖化学の基礎』阿部喜美子・瀬野信子、講談社サイエンティフィック、1984

2) On the origin of elementary saccharides
Hirabayashi J. *Quart Rev Biol*. 1996；71：365-80.

3)「グライコームの起源と糖鎖認識」平林淳、*Trends Glycosci Glycotechnol*. 2004；16：63-85.

4) The Lobry de Bruyn–Alberda van Ekenstein transformation and related reactions. Angyal, SJ. in：Glycoscience：epimerisation, isomerisation and rearrangement reactions of carbohydrates, Vol. 215, (Ed.：STÜTZ, A.E.), Springer-Verlag, Berlin, 2001, 1-14.

5)『個体発生と系統発生』スティーヴン・J・グールド（訳：仁木帝都、渡辺政隆）、工作舎、1987

6)『野生の思考』C. レヴィ＝ストロース（訳：大橋保夫）、みすず書房、1976

7)『可能世界と現実世界』フランソワ・ジャコブ（訳：田村俊秀、安田純一）、みすず書房、1994

8) Amino acids catalyze the formation of an excess of D-glyceraldehyde, and thus of other D sugars, under credible prebiotic conditions.
Breslow R, Cheng Z-L. *Proc Natl Acad Sci USA*. 2010；107（13）：5723-5.

9) 希少糖普及協会HP　http://www.raresugar.org/rare/htm/

10)「多糖の未来フォーラム」について　http://cellulose-society.jp/polysaccharide-future

11)『分子からみた生物進化』マルセル・フロルカン（監訳：江上不二夫）、築地書刊、1969（原本：1966）

第4章

1) Physical and chemical studies on ceruloplasmin. V. Metabolic studies on sialic acid-free ceruloplasmin in vivo.
Morell AG, Irvine RA, Sternlieb I, Scheinberg IH, Ashwell G. *J Biol Chem*. 1968；243（1）：155-9.

2)「糖タンパク質医薬品生産における課題と展望」平林淳、『バイオ／抗体医薬品の開発・製造プロセス―開発・解析・毒性・臨床・申請・製造・特許・市場』情報機構（2012）、217-27.

3) CMP-Neu5AC ヒドロキシラーゼに関して
http://www.glycoforum.gr.jp/science/word/glycolipid/GL-A04J.html

4)「シアル酸と進化」佐藤ちひろ、グライコフォーラム http://www.glycoforum.gr.jp/science/word/evolution/ES-A03J.html

5)「N-グリコリルノイラミン酸とN-アセチルノイラミン酸」鈴木明身、グライコフォーラム
http://www.glycoforum.gr.jp/science/word/glycolipid/GL-A04J.html

6)『疫病と世界史』ウィリアム・H・マクニール（佐々木昭夫 訳）中央公論、2007

7)「糖鎖研究のための基盤ツール開発および応用と実用化：過去10年間の産総研糖鎖医工学研究センターの研究戦略」成松久、*Synthesiology*、2012；5（3）：190-203.

8)『バイオ医薬品開発における糖鎖技術』早川堯夫、掛樋一晃、平林淳、監修 シーエムシー出版、2011

9)「転換期を迎えたバイオ医薬品〜成否のカギはオープンイノベーションと糖鎖制御」平林淳『MEDCHEM NEWS』日本薬学会医薬化学部会、じほう、23（2),16-21, 2013

10) 国立医薬品食品衛生研究所・生物薬品部の公開サイト　http://www.nihs.go.jp/dbcb/mabs.html

11) GlycoMimetics社HP　http://www.glycomimetics.com/for-clinicians/gmi-1070/

12) From carbohydrate leads to glycomimetic drugs.
Ernst B, Magnani JL. *Nat Rev Drug Discov*. 2009；8（8）：661-77.

13) https://www.naro.affrc.go.jp/niah/contents/kenkyukai/byori/jpc-kako/2013-6-2.pdf

14) http://www.bio.davidson.edu/courses/immunology/students/spring2006/latting/home%20copy.html

15) 東京化成工業㈱サイト　http://www.tcichemicals.com/ja/jp/support-download/brochure/GG011.pdf

16) 糖化反応スキーム　http://ebn.arkray.co.jp/disciplines/term/glycation/

17)『炭水化物が人類を滅ぼす』夏井睦、光文社新書、2013

18)『ケトン体が人類を救う』宗田哲男光文社新書、2015

19)『中性脂肪は下がる』栗原毅、サプライズBOOK、2016

20)『糖尿病に勝ちたければ、インスリンに頼るのをやめなさい』新井圭輔、幻冬舎、2016

21) 食品成分データベース　http://fooddb.mext.go.jp/index.pl

第5章

1) What should be called a lectin.
Goldstein IJ, Hughes RC, Monsigny M, Osawa T, Sharon N. *Nature*. 1980；285：66.

2) Animal lectins：a historical introduction and overview.
Kilpatrick DC. *Biochim Biophys Acta*. 2002；1572（2-3）：187-97.

3) Snake venom in relation to haemolysis, bacteriolysis, and toxicity.

Flexner S, Noguchi H. *J Exp Med*. 1902；6（3）：277-301.

4）Chemical coupling of peptides and proteins to polysaccharides by means of cyanogen halides.
　　　Axén, R., Porath, J. and Ernback, S. *Nature*. 1967；214：1302-4.

5）Selective enzyme purification by affinity chromatography.
　　　Cuatrecasas P, Wilchek M, Anfinsen CB. *Proc Natl Acad Sci USA*. 1968；61：636-43.

6）Human placenta beta-galactoside-binding lectin. Purification and some properties.
　　　Hirabayashi J, Kasai K. *Biochem Biophys Res Commun*. 1984；122（3）：938-44.

7）C-Type lectin-like domains in *Caenorhabditis elegans*：predictions from the complete genome sequence.
　　　Drickamer K, Dodd RB. *Glycobiology*. 1999；9（12）：1357-69.

8）Lectin-like proteins in model organisms：implications for evolution of carbohydrate-binding activity.
　　　Dodd RB, Drickamer K. *Glycobiology*. 2001；11（5）：71R-9R.

9）God must love galectins；he made so many of them.
　　　Cooper DN, Barondes SH. *Glycobiology*. 1999；9（10）：979-84.

10）Galectinomics：finding themes in complexity.
　　　Cooper DN. *Biochim Biophys Acta*. 2002；1572（2-3）：209-31.

11）*Caenorhabditis elegans* galectins LEC-1-LEC-11：structural features and sugar-binding properties.
　　　Nemoto-Sasaki Y, Hayama K, Ohya H, Arata Y, Kaneko MK, Saitou N, Hirabayashi J, Kasai K. *Biochim Biophys Acta*. 2008；1780（10）：1131-42.

12）Purification and properties of phaseolamin, an inhibitor of alpha-amylase, from the kidney bean, *Phaseolus vulgaris*. Marshall JJ, Lauda CM. *J Biol Chem*. 1975；250：8030-7.

13）The "white kidney bean incident" in Japan.
　　　Ogawa H, Date K. *Methods Mol Biol*. 2014；1200：39-45.

14）サンケイニュース「自衛官の夫の焼酎に毒混入　妻を殺人未遂容疑で逮捕」2015.12.1閲覧.
　　　http://www.sankei.com/affairs/news/151130/afr1511300027-n1.html

15）リシン（毒物）：ウィキペディアより
　　　https://ja.wikipedia.org/wiki/%E3%83%AA%E3%82%B7%E3%83%B3_（%E6%AF%92%E7%89%A9）

16）Protein Data Base Japan（PDBj）サイト　http://pdbj.org/mom/124

17) The three-dimensional structure of ricin at 2.8 A.
Montfort W, Villafranca JE, Monzingo AF, Ernst SR, Katzin B, Rutenber E, Xuong NH, Hamlin R, Robertus JD. *J Biol Chem*. 1987 ; 262 (11) : 5398-403.

18) 独立行政法人国立がん研究センターがん対策情報センター　http://ganjoho.jp/public/dia_tre/diagnosis/tumor_marker.html

19) Pathways of O-glycan biosynthesis in cancer cells.
Brockhausen I. *Biochim Biophys Acta*. 1999 ; 1473 (1) : 67-95.

20) Demonstration by monoclonal antibodies that carbohydrate structures of glycoproteins and glycolipids are onco-developmental antigens.
Feizi T. *Nature*. 1985 ; 314 (6006) ; 53-7.

21) Structural analysis of the human galectin-9 N-terminal carbohydrate recognition domain reveals unexpected properties that differ from the mouse orthologue.
Nagae M, Nishi N, Nakamura-Tsuruta S, Hirabayashi J, Wakatsuki S, Kato R. *J Mol Biol*. 2008 ; 375 (1) : 119-35.

22) Structural basis of galactose recognition by C-type animal lectins.
Kolatkar AR, Weis WI. *J Biol Chem*. 1996 ; 271 (12) : 6679-85.

23) Binding and endocytosis of cluster glycosides by rabbit hepatocytes : evidence for a short-circuit pathway that does not lead to degradation.
Connolly DT, Townsend RR, Kawaguchi K, Bell WR, Lee YC. *J Biol Chem*. 1982 ; 257 (2) : 939-45.

24) Oligosaccharide specificity of galectins : a search by frontal affinity chromatography.
Hirabayashi J, Hashidate T, Arata Y, Nishi N, Nakamura T, Hirashima M, Urashima T, Oka T, Futai M, Muller WE, Yagi F, Kasai K. *Biochim Biophys Acta*. 2002 ; 1572 (2-3) : 232-5.

25) Galectin Structure
Yuri D. Lobsanov, James M. Rini *Trends Glycosci Glycotechnol*. 1997 ; 9 (45) : 145-54.

26) Crosslinking of mammalian lectin (galectin-1) by complex biantennary saccharides.
Bourne Y, Bolgiano B, Liao DI, Strecker G, Cantau P, Herzberg O, Feizi T, Cambillau C. *Nat Struct Biol*. 1994 ; 1 (12) : 863-70.

第6章

1) Determination of lectin-sugar binding constants by microequilibrium dialysis coupled with high performance liquid chromatography.
Mega T, Hase S. *J Biochem*. 1991 ; 109 (4) : 600-3.

2) Equilibrium dialysis using chromophoric sugar derivatives.

Hatakeyama T. *Methods Mol Biol*. 2014 ; 1200 : 165-71.

3) Binding of multivalent carbohydrates to concanavalin A and Dioclea grandiflora lectin. Thermodynamic analysis of the "multivalency effect".
Dam TK, Roy R, Das SK, Oscarson S, Brewer CF. *J Biol Chem*. 2000 ; 275 (19) : 14223-30.

4) Negative cooperativity associated with binding of multivalent carbohydrates to lectins. Thermodynamic analysis of the "multivalency effect".
Dam TK, Roy R, Pagé D, Brewer CF. *Biochemistry*. 2002 ; 41 (4) : 1351-8.

5) 東京大学・津本浩平博士作成による下記サイトから転載
http://www.gelifesciences.co.jp/technologies/biacore/road/road01_07.html

6) Thermodynamic studies of lectin-carbohydrate interactions by isothermal titration calorimetry.
Dam TK, Brewer CF. *Chem Rev*. 2002 ; 102 (2) : 387-429.

7) 「レクチンを用いた相互作用解析：FAC とレクチンマイクロアレイ」
平林淳『糖鎖の新機能開発・応用ハンドブック～創薬・医療からヘルスケアまで』エヌティーエス出版（監修：秋吉一成、編集委員長：津本浩平、編集委員：加藤晃一、鷹羽武史、深瀬浩一、古川鋼一）255-260, 2015.

8) Frontal affinity chromatography : theory for its application to studies on specific interactions of biomolecules.
Kasai K, Oda Y, Nishikata M, Ishii S. *J Chromatogr*. 1986 ; 376 : 33-47.

9) Frontal affinity chromatography of ovalbumin glycoasparagines on a concanavalin A-sepharose column. A quantitative study of the binding specificity of the lectin.
Ohyama Y, Kasai K, Nomoto H, Inoue Y. *J Biol Chem*. 1985 ; 260 (11) : 6882-7.

10) Oligosaccharide specificity of galectins : a search by frontal affinity chromatography.
Hirabayashi J, Hashidate T, Arata Y, Nishi N, Nakamura T, Hirashima M, Urashima T, Oka T, Futai M, Muller WE, Yagi F, Kasai K. *Biochim Biophys Acta*. 2002 ; 1572 (2-3) : 232-54.

11) Frontal affinity chromatography : sugar-protein interactions.
Tateno H, Nakamura-Tsuruta S, Hirabayashi J. *Nat Protoc*. 2007 ; 2 (10) : 2529-37.

12) The Lectin *f*rontier Database (L*f*DB), and data generation based on frontal affinity chromatography.
Hirabayashi J, Tateno H, Shikanai T, Aoki-Kinoshita KF, Narimatsu H. *Molecules*. 2015 ; 20 (1) : 951-73.

13) CFG Functional Glycomics Gateway : glycan microarray
http://www.functionalglycomics.org/static/consortium/resources/resourcecoreh.shtml

14) Glycoconjugate microarray based on an evanescent-field fluorescence-assisted detection principle for investigation of glycan-binding proteins.
Tateno H, Mori A, Uchiyama N, Yabe R, Iwaki J, Shikanai T, Angata T, Narimatsu H, Hirabayashi J. *Glycobiology*. 2008；18（10）：789-98.

15) Evaluation of glycan-binding specificity by glycoconjugate microarray with an evanescent-field fluorescence detection system.
Tateno H. *Methods Mol Biol*. 2014；1200：353-9.

16) Preparation of Glycan Arrays Using Pyridylaminated Glycans.
Nakakita S, Hirabayashi J. *Methods Mol Biol*. 2016；1368：225-35.

17) Antigenic and receptor binding properties of enterovirus 68.
Imamura T, Okamoto M, Nakakita S, Suzuki A, Saito M, Tamaki R, Lupisan S, Roy CN, Hiramatsu H, Sugawara KE, Mizuta K, Matsuzaki Y, Suzuki Y, Oshitani H. *J Virol*. 2014；88（5）：2374-84.

18) Lectins for histochemical demonstration of glycans.
Roth J. *Histochem Cell Biol*. 2011；136（2）：117-30.

19) Histochemical staining using lectin probes.
Akimoto Y, Kawakami H. *Methods Mol Biol*. 2014；1200：153-63.

20) 株式会社 J-オイルミルズ HP より
http://www.j-oil.com/product/gyoumu/lectin/techinfo.html

21) Detection of bisected biantennary form in the asparagine-linked oligosaccharides of fibronectin isolated from human term amniotic fluid.
Takamoto M, Endo T, Isemura M, Yamaguchi Y, Okamura K, Kochibe N, Kobata A. *J Biochem*. 1989；106：228-35.

22) 「レクチン」（第2版）第9章：レクチン細胞障害活性とレクチン耐性細胞
Nathan Sharon & Halina Lis（著）山本一夫・小浪悠紀子（訳）シュプリンガー・フェアラーク東京、2006

23) Lectin engineering, a molecular evolutionary approach to expanding the lectin utilities.
Hu D, Tateno H, Hirabayashi J. *Molecules*. 2015；20（5）：7637-56.

24) Directed evolution of lectins with sugar-binding specificity for 6-sulfo-galactose.
Hu D, Tateno H, Kuno A, Yabe R, Hirabayashi J. *J Biol Chem*. 2012；287（24）：20313-20.

第7章

1) Essentials of Glycobiology（2nd ed.）eds., A. Varki, R. D. Cummings, J. D. Esko, H. H. Freeze, P. Stanley, C. R. Bertozzi. G. W. Hart. M. E. Etzler（2008）；Chapter 28：R-type

lectins；p. 404, Figure 28.1

2）Tailoring a novel sialic acid-binding lectin from a ricin-B chain-like galactose-binding protein by natural evolution-mimicry.
Yabe R, Suzuki R, Kuno A, Fujimoto Z, Jigami Y, Hirabayashi J. *J Biochem*. 2007；141（3）：389-99.

3）Essentials of Glycobiology（2nd ed.）eds., Varki A, Cummings RD, Esko JD, Freeze HH, Stanley P, Bertozzi CR, Hart G W, Etzler ME. 2008；Chapter 31：C-type lectins；p. 443, Figure 31.3

4）Crystal structure of the carbohydrate-recognition domain of the H1 subunit of the asialoglycoprotein receptor.
Meier M. *J Mol Biol*. 2000；300（4）：857-65.

5）Complete primary structure of a galactose-specific lectin from the venom of the rattlesnake *Crotalus atrox*. Homologies with Ca2(+)-dependent-type lectins.
Hirabayashi J, Kusunoki T, Kasai K. *J Biol Chem*. 1991；266（4）：2320-6.

6）Essentials of Glycobiology（2nd ed.）eds., Varki A, Cummings RD, Esko JD, Freeze HH, Stanley P, Bertozzi CR, Hart G W, Etzler ME. 2008；Chapter 31：C-type lectins；p. 450, Figure 31.7

7）Insights into the molecular basis of leukocyte tethering and rolling revealed by structures of P- and E-selectin bound to SLe（X）and PSGL-1.
Somers WS, Tang J, Shaw GD, Camphausen RT. *Cell*. 2000；103（3）：467-79.

8）Structural basis of trimannoside recognition by concanavalin A
Naismith JH, Field RA. *J Biol Chem* 1996；271：972-6.

9）Galectin Structures.
Lobsanov YD, Rini JM. *Trends Glycosci Glycotechnol*. 1997；9（45）：145-54.

10）Root lectins and Rhizobia.
Kijne JW, Bauchrowitz MA, Diaz CL. *Plant Physiol*. 1997；115（3）：869-73.

11）Role of lectins（and rhizobial exopolysaccharides）in legume nodulation.
Hirsch AM. *Curr Opin Plant Biol*. 1999；2（4）：320-6.

12）FCCA「糖質科学のことば」ガレクチン：定義と命名の経緯
http://www.glycoforum.gr.jp/science/word/lectin/LEA01J.html

13）Two distinct classes of carbohydrate-recognition domains in animal lectins.
Drickamer K. *J Biol Chem*. 1988；263（20）：9557-60.

14）A beta-D-galactoside binding protein from electric organ tissue of *Electrophorus electricus*.

Teichberg VI, Silman I, Beitsch DD, Resheff G. *Proc Natl Acad Sci USA*. 1975;72 (4): 1383-7.

15) Galectins : a family of animal beta-galactoside-binding lectins.
Barondes SH, Castronovo V, Cooper DN, Cummings RD, Drickamer K, Feizi T, Gitt MA, Hirabayashi J, Hughes C, Kasai K, Leffler H, Liu F-T, Lotan R, Mercurio AM, Monsigny M, Pillai S, Poirer F, Raz A, Rigby PWJ, Rini JM, Wang JL. *Cell*. 1994;76 (4): 597-8.

16) The Gal β -(syn)-gauche configuration is required for galectin-recognition disaccharides.
Iwaki J, Tateno H, Nishi N, Minamisawa T, Nakamura-Tsuruta S, Itakura Y, Kominami J, Urashima T, Nakamura T, Hirabayashi J. *Biochim Biophys Acta*. 2011 ; 1810 (7): 643-51.

17) Evolutionary origins of the placental expression of chromosome 19 cluster galectins and their complex dysregulation in preeclampsia.
Than NG, Romero R, Xu Y, Erez O, Xu Z, Bhatti G, Leavitt R, Chung TH, El-Azzamy H, LaJeunesse C, Wang B, Balogh A, Szalai G, Land S, Dong Z, Hassan SS, Chaiworapongsa T, Krispin M, Kim CJ, Tarca AL, Papp Z, Bohn H. *Placenta*. 2014 ; 35 (11): 855-65.

18) ガレクチン―賢い糊、お役所仕事でないお役人、万能の脇役
Kasai K. *Trends Glycoscience Glycotechnol*. 1997 ; 9 (45): 167-70.

19) Two distinct jacalin-related lectins with a different specificity and subcellular location are major vegetative storage proteins in the bark of the black mulberry tree
EJM Van Damme, B. Hause, J. Hu, A. Barre, P. Rougé, P. Proost, WJ Peumans. *Plant Physiol*. 2002 ; 130 (2): 757–69.

20) Crystal structure of the jacalin-T-antigen complex and a comparative study of lectin-T-antigen complexes.
Jeyaprakash AA, Geetha Rani P, Banuprakash Reddy G, Banumathi S, Betzel C, Sekar K, Surolia A, Vijayan M. *J Mol Biol*. 2002 ; 321 (4): 637-45.

21) Elucidation of binding specificity of Jacalin toward O-glycosylated peptides : quantitative analysis by frontal affinity chromatography.
Tachibana K, Nakamura S, Wang H, Iwasaki H, Tachibana K, Maebara K, Cheng L, Hirabayashi J, Narimatsu H. *Glycobiology*. 2006 ; 16 (1): 46-53.

22) Analysis of the sugar-binding specificity of mannose-binding-type Jacalin-related lectins by frontal affinity chromatography : an approach to functional classification.
Nakamura-Tsuruta S, Uchiyama N, Peumans WJ, Van Damme EJ, Totani K, Ito Y, Hirabayashi J. *FEBS J*. 2008 ; 275 (6): 1227-39.

23) Two carbohydrate recognizing domains from *Cycas revoluta* leaf lectin show the distinct sugar-binding specificity : A unique mannooligosaccharide recognition by

N-terminal domain.
Shimokawa M, Haraguchi T, Minami Y, Yagi F, Hiemori K, Tateno H, Hirabayashi J. *J Biochem*. 2016 Feb 11. pii：mvw011

24）『レクチン：歴史、構造・機能から応用まで（第2版）』N. Sharon, H. Lis（訳：山本一夫、小浪悠紀子）シュプリンガーフェアラーク東京、2006

25) The mannose-specific bulb lectin from *Galanthus nivalis*（Snowdrop）binds mono- and dimannosides at distinct sites：structure analysis of refined complexes at 2.3 Å and 3.0 Å resolution.
Hester G, Wright CS. *J Mol Biol*. 1996；262：516-53.

26) Phylogenetic and specificity studies of two-domain GNA-related lectins：generation of multispecificity through domain duplication and divergent evolution.
Van Damme EJ, Nakamura-Tsuruta S, Smith DF, Ongenaert M, Winter HC, Rougé P, Goldstein IJ, Mo H, Kominami J, Culerrier R, Barre A, Hirabayashi J, Peumans WJ. *Biochem J*. 2007；404（1）：51-61.

27) Mannose-binding plant lectins：different structural scaffolds for a common sugar-recognition process.
Barre A, Bourne Y, Van Damme EJM, Peumans WJ, Rougé P. *Biochimie*. 83；2001, 645-51.

28) Identification, characterization, and X-ray crystallographic analysis of a novel type of mannose-specific lectin CGL1 from the pacific oyster *Crassostrea gigas*.
Unno H, Matsuyama K, Tsuji Y, Goda S, Hiemori K, Tateno H, Hirabayashi J, Hatakeyama T. *Sci Rep*. 2016；doi：10.1038/srep29135.

29) Lectin structure.
Rini JM. *Annu Rev Biophys Biomol Struct*. 1995；24：551-77.

30) Binding of sugar ligands to Ca(2+)-dependent animal lectins. II. Generation of high-affinity galactose binding by site-directed mutagenesis.
Iobst ST, Drickamer K. *J Biol Chem*. 1994；269（22）：15512-9.

31) Structural basis of galactose recognition by C-type animal lectins.
Kolatkar AR, Weis WI. *J Biol Chem*. 1996；271（12）：6679-85.

第8章

1) Concept, strategy and realization of lectin-based glycan profiling.
Hirabayashi J. *J Biochem*. 2008；144：139-47.

2)「レクチンマイクロアレイによる糖鎖プロファイラーの開発」平林淳 *Synthesiology*、産業技術総合研究所, 2014；7（25）：105-17.

3)「糖鎖・レクチンチップ」平林淳、内山昇『バイオチップの基礎と応用』（監修：伊藤嘉浩）、2015；161-169, シーエムシー出版

4) Lectin microarrays : concept, principle and applications.
Hirabayashi J, Yamada M, Kuno A, Tateno H. *Chem Soc Rev*. 2013；42：4443-58.

5) Evanescent-field fluorescence-assisted lectin microarray : a new strategy for glycan profiling.
Kuno A, Uchiyama N, Koseki-Kuno S, Ebe Y, Takashima S, Yamada M, Hirabayashi J. *Nat Methods*. 2005；2：851-6.

6)「米国食品医薬品局（FDA）関係者が、モノクロナール抗体医薬品の糖鎖解析法の比較結果を公表 株式会社グライコテクニカのレクチンベースのマイクロアレイ法の簡易性を高く評価」
グライコテクニカ社プレスリリース（2016.1.22）
http://www.glycotechnica.com/pdf/press-release_20160122.pdf

7) The use of lectin microarray for assessing glycosylation of therapeutic proteins.
Zhang L, Luo S, Zhang B. *MAbs*. 2016；8（3）：524-35.

8) Glycan analysis of therapeutic glycoproteins.
Zhang L, Luo S, Zhang B. *MAbs*. 2016；8（2）：205-15.

9) Optimization of evanescent-field fluorescence-assisted lectin microarray for high-sensitivity detection of monovalent oligosaccharides and glycoproteins.
Uchiyama N, Kuno A, Tateno H, Kubo Y, Mizuno M, Noguchi M, Hirabayashi J. *Proteomics*. 2008；8（15）：3042-50.

10) Role of lectin microarrays in cancer diagnosis.
Syed P, Gidwani K, Kekki H, Leivo J, Pettersson K, Lamminmäki U. *Proteomics*. 2016；16（8）：1257-65.

11) Lectin microarrays : a powerful tool for glycan-based biomarker discovery.
Zhou SM, Cheng L, Guo SJ, Zhu H, Tao SC. *Comb Chem High Throughput Screen*. 2011；14（8）：711-9.

12) Lectin microarrays for glycomic analysis.
Gupta G, Surolia A, Sampathkumar SG. *OMICS*. 2010；14（4）：419-36.

13) Sweet tasting chips : microarray-based analysis of glycans.
Hsu KL, Mahal LK. *Curr Opin Chem Biol*. 2009；13（4）：427-32.

14) A serum "sweet-doughnut" protein facilitates fibrosis evaluation and therapy assessment in patients with viral hepatitis.
Kuno A, Ikehara Y, Tanaka Y, Ito K, Matsuda A, Sekiya S, Hige S, Sakamoto M, Kage M, Mizokami M, Narimatsu H. *Sci Rep*. 2013；3：1065.

15) Focused differential glycan analysis with the platform antibody-assisted lectin profiling for glycan-related biomarker verification.
Kuno A, Kato Y, Matsuda A, Kaneko MK, Ito H, Amano K, Chiba Y, Narimatsu H, Hirabayashi J. *Mol Cell Proteomics*. 2009；8：99-108.

16) 血液検査で、がんに向かう肝炎の進行度がわかる～糖鎖解析技術を用いて～
産総研公式プレスリリース（2009.10.2）
http://www.aist.go.jp/aist_j/press_release/pr2009/pr20091002/pr20091002.html

17) 「糖鎖マーカーを用いた肝線維化検査技術：肝炎から肝硬変に至る肝臓の繊維化の進行度を迅速に判定」
久野敦、AIST Today（2014.6.14）

18) Glycome diagnosis of human induced pluripotent stem cells using lectin microarray.
Tateno H, Toyoda M, Saito S, Onuma Y, Ito Y, Hiemori K, Fukumura M, Nakasu A, Nakanishi M, Ohnuma K, Akutsu H, Umezawa A, Horimoto K, Hirabayashi J, Asashima M. *J Biol Chem*. 2011；286：20345-53.

19) rBC2LCN, a new probe for live cell imaging of human pluripotent stem cells.
Onuma Y, Tateno H, Hirabayashi J, Ito Y, Asashima M. *Biochem Biophys Res Commun*. 2013；431：524-9.

20) Podocalyxin is a glycoprotein ligand of the human pluripotent stem cell-specific probe rBC2LCN.
Tateno H, Matsushima A, Hiemori K, Onuma Y, Ito Y, Hasehira K, Nishimura K, Ohtaka M, Takayasu S, Nakanishi M, Ikehara Y, Nakanishi M, Ohnuma K, Chan T, Toyoda M, Akutsu H, Umezawa A, Asashima M, Hirabayashi J. *Stem Cells Trans Med*. 2013；2：265-73.

21) A medium hyperglycosylated podocalyxin enables noninvasive and quantitative detection of tumorigenic human pluripotent stem cells.
Tateno T, Onuma Y, Ito Y, Hiemori K, Fukuda M, Warashina M, Honda S, Asashima M, Hirabayashi J. *Sci Rep*. 2014；4：4069.

22) Elimination of tumorigenic human pluripotent stem cells by a recombinant lectin-toxin fusion protein.
Tateno H, Onuma Y, Ito Y, Minoshima F, Saito S, Shimizu M, Aiki Y, Asashima M, Hirabayashi J. *Stem Cell Reports*. 2015；4（5）：811-20.

23) 「糖鎖の迅速プロファイリング技術でiPS細胞を精密評価」産総研公式プレスリリース（2011.6.22）
http://www.aist.go.jp/aist_j/new_research/nr20110622/nr20110622.html

24) 「ヒトiPS細胞を生きたまま可視化できるプローブを開発」産総研公式プレスリリース（2013.3.19）
http://www.aist.go.jp/aist_j/press_release/pr2013/pr20130319/pr20130319.html

25)「再生医療に用いる細胞の安全性を培養液で検査することが可能に」産総研公式プレスリリース（2014.2.17）
http://www.aist.go.jp/aist_j/new_research/nr20140217/nr20140217.html

26)「移植用細胞から腫瘍を引き起こすヒトiPS/ES細胞を除く技術を開発」産総研公式プレスリリース（2015.4.10）
http://www.aist.go.jp/aist_j/press_release/pr2015/pr20150410/pr20150410.html

27) 和光純薬工業㈱：未分化ヒトES細胞・ヒトiPS細胞検出試薬～蛍光標識 rBC2LCN（AiLecS1）
http://www.wako-chem.co.jp/siyaku/product/life/rBC2LCN-FITC/index.htm

28) 和光純薬工業㈱HP：未分化ヒトES細胞・ヒトiPS細胞除去試薬 rBC2LCN-PE23
http://www.wako-chem.co.jp/siyaku/product/life/rBC2LCN-PE23/index.htm

❖おわりに

　前作『糖鎖のはなし』の出版後7年たったころ、うれしいことに、日刊工業新聞社から新たな著書の話をいただいた。今回は糖鎖暗号の解読者であるレクチンにも大きく焦点を当てた。7年前と違い、すでに糖鎖研究の実用化がいくつも達成され、社会実装のフェーズを迎えている。なかでも、レクチンアレイシステムがアメリカ食品医薬品局（FDA）に導入された点は1つのエポックだ。現時点でFDAの興味はバイオ医薬の糖鎖分析だが、本システムの用途はさらなる可能性を秘めている。なぜ質量分析や液クロではなくレクチンなのか、その疑問を晴らすため筆を執った。

　糖は、化学進化という長いプロセスを通して生命を迎え入れた。原始生命ができると細胞壁にペプチドグリカン骨格キチンが作られ、それを元にタンパク質に糖鎖を付加する仕組みを創出した。細胞表層を彩る糖鎖は細胞の状態を反映しやすく、細胞間相互作用を成因とする細胞社会のなかで交通整理に役立つ。糖鎖の制御システムはますます進化し、もはや複雑な仕事をこなすのに不可欠な存在になる（糖鎖は重要だから存在するのではなく存在したから重要になった）。

　その糖鎖の百面相を見分けているのがレクチンだ。レクチンが糖鎖を見分ける原理は種の壁を超える。だから植物や微生物のレクチンからなるレクチンアレイががん細胞のプロファイリングにも役立つ。まだ知られていない隠れレクチンが無数に存在し、さらに、その何百倍ものレクチンをエンジニアで生み出すことができる。糖鎖とレクチンは夫唱婦随であり、生命のダイナミズムを生み出す原動力でもある。少しでもそのことを理解するのに本書が役立てば幸いである。

　最後に、原稿の推敲に協力して下さった諸先生方にお礼を述べたい。とくに、笠井献一博士には糖の起源仮説の発想時点から激励と適切なコメントをいただいた。帝京大学の夏苅英昭・高橋秀依両博士には限られた時間で化学構造を総点検していただいた。東京大学の山本一夫先生には貴重な夏休みの時間を割いていただいた。同僚である新間陽一・千葉靖典・舘野浩章両博士も無理を聞いてくれた。伏見製薬所の竹下圭博士は校閲に加え糖の起源に関しコメントを下さった。本書の企画を推進して下さった日刊工業新聞社編集部のみなさまに心から御礼申し上げる。

2016年8月

平林　淳

〈著者紹介〉

平林　淳（ひらばやし　じゅん）

〈略歴〉
　東北大学理学部　卒業、東北大学大学院理学研究科修士課程修了、東北大学理学部より学位取得（理学博士）、帝京大学薬学部助手・講師
　2002年11月　独立行政法人　産業技術総合研究所　糖鎖工学研究センター　糖鎖構造解析チーム　チーム長
　2003年9月　香川医科大学　総合生命科学実験センター　糖鎖機能解析研究部門客員教授
　2006年12月　独立行政法人　産業技術総合研究所　糖鎖医工学研究センター　副センター長
　2008年1月　糖鎖産業フォーラム（GLIT）設立（運営副委員長）
　2012年4月　独立行政法人　産業技術総合研究所　幹細胞工学研究センター　主席研究員
　2015年4月　国立研究開発法人　産業技術総合研究所　創薬基盤研究部門　主席研究員
　現在に至る

〈学会活動〉
　日本生化学会、日本糖質学会（評議員）、日本糖鎖科学コンソーシアム（幹事）、日本薬学会、日本化学会、日本生物物理学会など

　専門分野は糖鎖生物学、生化学。主な研究テーマはレクチンの構造・機能・進化に関する研究、レクチンを用いた糖鎖の構造解析技術（グライコプロテオミクス、フロンタル・アフィニティ・クロマトグラフィー、レクチンアレイなど）の開発、ガレクチンの生理機能解析

糖鎖とレクチン　　　　　　　　　　　　　　　NDC491.4

2016年8月26日　初版第1刷発行　　（定価はカバーに表示してあります）

　　　Ⓒ著　者　　平林　淳
　　　　発行者　　井水　治博
　　　　発行所　　日刊工業新聞社
　　　　　　　　　〒103-8548　東京都中央区日本橋小網町14-1
　　　　電　話　　書籍編集部　03（5644）7490
　　　　　　　　　販売・管理部　03（5644）7410
　　　　ＦＡＸ　　03（5644）7400
　　　　振替口座　00190-2-186076
　　　　ＵＲＬ　　http://pub.nikkan.co.jp/
　　　　e-mail　　info@media.nikkan.co.jp
　　　　印刷・製本　新日本印刷

落丁・乱丁本はお取り替えいたします。
2016 Printed in Japan
ISBN 978-4-526-07593-3　C3043

本書の無断複写は、著作権法上の例外を除き、禁じられています。